家居流行色配色指南

张昕婕　PROCO 普洛可色彩美学社　编著

江苏凤凰美术出版社

写在前面

以前，提起流行色时人们的第一反应往往仅限于时装，这是由于其他设计领域，如建筑、室内、家电、3C 类产品（计算机、通信和消费类电子产品）、家具，甚至纺织品设计，普遍对流行色的运用不够重视。人们对流行色的态度要么仅限于好奇，要么不置可否，甚至有所抗拒，总认为流行是容易过时、不能持久的。

至 2015 年前后，这种固有的认知开始产生了变化。2015 年 12 月潘通公司发布了 2016 年的年度流行色“粉晶色”和“静谧蓝”，之后社交平台上掀起了一股流行色风潮。一时间，似乎人人都开始关注起流行色，并开始逐渐尝试用流行色来策划产品主题，用流行色来讲产品故事。显然，人们发现流行色概念似乎是一个很好的吸金手段，在生产成本日益增高，同质化的产品越来越难以卖出高价的今天，它让人们看到一丝曙光。

但人们对流行色的认知往往比较粗浅，在实践中，对流行色的应用也总会产生诸多困惑。如：

> “如果年度流行色是‘草木绿’，我们做的设计就必须以‘草木绿’为主色调么?
> 那个‘紫外光色’，我一点也不喜欢，而且好难用啊!
> 流行色时效性太强了，会不会今年流行，明年不流行了?
> 我的产品毕竟不是服装，总不能让客户每年都换新颜色的沙发吧?
> ……”

产生这样的困惑并不奇怪，流行色存在的一个必要条件是消费品市场的繁荣和成熟。从改革开放至今，人们从普遍温饱到部分地区生活方式堪比发达国家水平，只用了短短 40 年的时间，物质的丰富必然带来更高的精神追求，在消费行为上，人们从单纯地追求产品功能和价格，慢慢转变为追求更符合自身品位、阶层等更高层次的精神需求，而产品生产者和销售者却往往未能及时抓住消费者的这一需求，消费品市场至今仍在走向成熟的过程中，所以对流行色机制的不甚理解也在情理之中。

事实上，流行色从来都不是无缘无故产生的，背后总有着这样或那样的起源，总有有形或无形的手在推动。

无形的手可能是当下社会的政治、体育、娱乐、科学等方面带来的观念、生活形态的改变。例如美国总统肯尼迪的夫人杰奎琳女士总是喜欢穿着粉嫩、亮丽、单色的裙装出现在公共场合，是因为当时的电视是黑白的，这样的裙装在黑白情况下显示为浅色，在一众深色西服中，显得十分醒目。而这种欢快的色彩，又与 20 世纪 60 年代美国社会欣欣向荣、充满活力的社会氛围相契合，另外杰奎琳本身的优雅气质，更是为这种风格的着装加分不少，所以她成为流行的发起者和被追随者也就不奇怪了。一年来，所谓的“ins 风”在中国大行其道，这种由图片社交网络传播的视觉空间效果，是通过屏幕显示的。在手机和电脑屏幕这样的二维平面上，他们看起来美丽可爱且很容易实现，而人们竞相打卡这样的空间，也是为了能够在社交平台上发布一张好看的照片。但是，当你真正置身于所谓“ins 风”的空间时，你会看到各种粗劣的火烈鸟、龟背竹等图案元素，假花、假羽毛，突兀又不合时宜的“千禧粉”，粗糙的施工工艺和经不起细看的家具……这样的流行，背后是认知媒介与精神需求的变化——人们生活在朋友圈，生活在屏幕里。因此，实际的空间体验也就不那么重要了，重要的是拍照效果。

流行可以推动某种产品甚至某个产业的发展，在巨大的经济利益面前，人们很难不主动利用流行，甚至制造流行。于是，推动流行色的另一只有形的手便应运而生。不仅行业本身会预测流行色趋势，更有专门的机构提前若干年发布流行色趋势手册，通过分析人们的生活形态，将生活方式落实到具体的产品中去。流行色趋势向来与巨大的经济利益密不可分，甚至可以把它看成一种市场推广行为。

可以说，流行色是市场经济下，产品研发和创新过程中绕不开的话题，也是永恒的存在。正因为如此，笔者并不想写一本时效极强，可用周期极短的流行色配色手册，而是一本分析流行色形成原理，引导读者正确认识流行色、分析流行色、使用流行色，让流行色为设计服务的指导手册。我们希望向大家展现流行与经典的关系，梳理从流行到风格固化的过程，并尝试通过解释色彩的基本原理，来指导读者将流行色应用到实际的设计中去。

室内空间设计，尤其是室内软装设计，与服装、产品、平面设计的不同之处在于，室内空间设计是将现有产品（家具、窗帘、墙纸、涂料、灯具等）做组合，任何室内设计都是由这些单独的、具体的产品所组成。如果说产品的流行色趋势是人们当下生活方式的表达，那么家更是生活方式的集中展示场所，设计师和产品生产者又如何能忽略流行色呢？而在做室内整体的设计时，尤其需要了解空间中每一件产品的格调和流行性，由此准确地表现空间的整体氛围。

世间唯一不变的，就是变化本身。我们希望为正打算阅读本书的读者们提供更多的视角，帮助读者们看到色彩在室内设计中更多的功能以及更多的可能性。

关于色差的问题，笔者需要再做一些强调。人之所以可以看见万千颜色，是因为人类色彩视觉的呈现机制，只要没有色盲、色弱，每个人看颜色的机制都是相同的，看到的颜色也是相同的。但人们生产和再现颜色的媒介及工具却远不及人的色彩感知精确，每一块屏幕的显色都是不同的，不同的软件也有着不同的色彩管理系统，而打印出来的颜色与屏幕显色又是完全不同的成色原理（屏幕显色为光色混合原理，也就是加色混合，而打印显色为物料混合，也就是减色混合），再加上每一台打印设备输出的颜色一定会产生色彩偏差，因此本书中涉及的色彩编码，虽然有 RGB

色号，但读者必须清楚，若按照书中的 RGB 输入，在绘图软件中呈现的颜色与书本上呈现的有所不同，是十分正常的。也正因为这种误差的必然性，读者若希望找到确切一些的颜色参考，请根据我们在颜色上标注的潘通色号比对。本书所使用的潘通色卡为“PANTONE Fashion Home + Interiors”。

最后，色彩在室内空间中的应用，尤其是应用到墙面上时，实际的色彩效果受光线、朝向、面积等多种因素影响，并不必然呈现书中印刷出来的样子，如果读者想要尝试使用书中的颜色，请务必根据实际打样的效果做适当的调整。

张昕婕

法国斯特拉斯堡大学建筑、空间色彩学硕士
瑞典 NCS 色彩学院认证学员
《瑞丽家居》瑞丽色栏目色彩专家、特约撰稿人
普洛可色彩教育体系主要研发者

多年国内外建筑及室内空间色彩专业工作经验，参与和负责国内大中型地产建筑外立面、片区规划、室内色彩标准化、家居流行趋势研究和发布项目

目录

流行与经典的博弈

流行色在家居中的运用

百年时尚——20 世纪流行色演变

家居软装流行色趋势获取渠道

流行与经典的博弈

什么是流行色？

流行色趋势是如何预测出来的？

风格即流行的固化

借趋势故事打动客户，启发灵感

齐桓公好服紫，一国尽服紫。

——《韩非子》

在家居设计中到底需不需要采用流行色？到底应该给客户推荐保险的经典配色，还是给他们推荐紧跟潮流的流行色？业主在看到全新的色彩单品时，到底要不要将它带回家呢？在笔者看来，这些问题的关键并非单纯的“是或否”，而是“怎样做”。也就是说，流行色在家居色彩中的应用是必然的，而如何应用才是设计师们需要关注的，因为这也是业主最关心的问题。

图 1-1 选自《普洛可 2018 家居流行色趋势手册》中的“应许之地”主题。制作单位：PROCO 普洛可色彩美学社

图 1-2

图 1-3

图 1-2 选自《普洛可 2018 家居流行色趋势手册》中的“应许之地”主题，材质与色彩解析。制作单位：PROCO 普洛可色彩美学社

图 1-3 选自《普洛可 2018 家居流行色趋势手册》中的“应许之地”主题，搭配建议。制作单位：PROCO 普洛可色彩美学社

图 1-4

图 1-5

图 1-4 选自《普洛可 2018 家居流行色趋势手册》中的“应许之地”主题，材质与色彩解析。制作单位：PROCO 普洛可色彩美学社

图 1-5 选自《普洛可 2018 家居流行色趋势手册》中的“应许之地”主题，搭配建议。制作单位：PROCO 普洛可色彩美学社

什么是流行色？

什么是流行色？网上给出的释义是："流行色是一种社会心理产物，它是某个时期人们对某几种色彩产生共同美感的心理反应。所谓流行色，就是指某个时期内人们的共同爱好，带有倾向性的色彩。"

我们从中可以看到两个关键词"共同爱好"和"同一时期"，概括起来就是"人们在同一时期，不约而同地喜爱和追捧某种色彩"。然而，每个人的个性不同，经历相异，审美更是千差万别，又怎么会在同一时期，不约而同地喜爱同一种色彩呢？

《韩非子》中记载了这样一个寓言故事：齐桓公喜欢穿紫色的衣服，于是整个都城的人都穿紫色的衣服。齐桓公因为身居高位，竟然在无意间引领了一场紫色的时尚之风。但这场由他引发的潮流却给他带来了烦恼，因为"国人尽服紫"导致紫色布料价格飙升，为了平稳物价，齐桓公不得不听从管仲的建议，故意在人前表现出自己厌恶紫色。于是，人们竟真的不再追捧紫色了。这就是流行最原始的成因之一——对上层阶级、名人、领袖生活方式的模仿。追捧者背后的心理也不难理解，人人都希望自己摆脱平庸，追求卓越，而审美的标准常常是自上而下的，当我们在谈论各个时期的室内设计风格时，发现无论是巴洛克风格还是洛可可风格，无论是新古典主义风格还是维多利亚风格，无一不发源于宫廷和教会，这种现象直到 20 世纪才随着贵族的没落而逐渐终结。

但审美的话语权也逐渐从权贵转移到了知名艺术家、设计名家、业界权威的手中。而即便皇室不再掌握实权，英国黛安娜王妃、凯特王妃的着装品位，也依旧备受关注。相信直至今天，依然有无数的设计师，将勒·柯布西耶的现代主义理念奉若神明，而大众也依然会盯着明星的一举一动，在网络购物平台上搜索着各种明星同款。

既然流行色自古有之，那么当然会有人想到用它来牟利。齐桓公仅仅因为自己喜欢紫色，就引起了一个不大不小的经济问题，那如果有意"制造"流行色，岂不是可以获得更大的商业利益？事实上，在今天这个商业高度发达的社会里，流行色的产生早已不是自发形成的潮流，而是由专业机构"密谋"的结果。

在电影《时尚女魔头》中，女主角初到时尚杂志社，看到一群人紧张兮兮地在两个几乎一模一样的蓝色皮带间难以抉择时，忍不住笑出声，而她的不屑却招来了主编的一顿严厉训斥，于是有了以下这段经典的台词：

图 1-6 电影《时尚女魔头》海报

图 1-7 电影《时尚女魔头》剧照。女主角身着蓝色毛衣，遭到上司的训斥，并被告知她所购买的蓝色毛衣并非是她自己的选择，她在不知不觉中已经参与了时尚和流行

“

这些‘玩意儿’？你觉得和你无关？你去自己的衣橱，挑出……我不知道，比如你这身松垮的蓝色羊绒衫，告诉世人你的人生重要到无法关心自己的穿着。但你知道吗？那衣服甚至都不叫蓝色，也不叫蓝绿色或者天青蓝，而叫天蓝色。你还轻率地忽视了很多事情。奥斯卡·德拉伦塔（Oscar de la Rent）在 2002 年就设计过一系列天蓝的晚礼服，然后，我记得伊夫·圣·罗兰（Yves Saint Laurent）推出了天蓝色的军式夹克衫，之后天蓝色就成了其他八位不同设计师的最爱，然后放入其名下的商店，接着慢慢渗入可悲的 CC，才让你从他们的打折货里淘到。总之那蓝色值几千万美元，提供了数不尽的工作机会。滑稽的是，你以为是你选择了这个颜色，自己与时尚无关，事实却是这屋子里的人帮你从这堆‘玩意儿’里选了这件羊绒衫。

——电影《时尚女魔头》

（又名《穿普拉达的女王》）

”

这段著名的台词，道出了流行色最大的意义——在一个急切需要消费来保持经济活力的社会中，不断推出的新流行色，就是驱动消费的幕后推手。人们需要源源不断的新刺激，来激发消费欲望。

流行色趋势研究早已不只是服装行业的专利，无论是 3C 产品（计算机、通信和消费类电子产品）、汽车、运动产品，还是涂料、家具、家居面料，甚至糕点、婚礼策划、UI 设计（界面设计）、UX 设计（用户体验设计）……日常消费的各个领域，都有专门的流行色趋势研究，也会有专门的流行色趋势报告发布。流行色趋势报告用一组组色彩搭配构成的视觉图像讲述了一个个优美的故事，将社会发展、生活方式的变化趋势等抽象的概念，以一种具体的方式表达出来。

室内环境设计，尤其是家居室内环境设计，无论是软装还是硬装，说到底是各种消费产品的组合——将墙纸、涂料、家具、艺术品、灯具、窗帘、床上用品、靠垫等消费产品自由搭配，构建出一个风格化的家居环境。所以家居流行色趋势也被越来越多的设计师和消费者重视。无论是产品公司还是设计公司，都开始热衷于向消费者推销流行色的概念。人们对流行趋势趋之若鹜，自然是看到了其背后巨大的经济利益。流行色成因之一在于人们渴望靠近成功者，摆脱平庸；成因之二在于人类喜新厌旧的天性。只要“条件”允许，人们总是会不遗余力地追求“新”的东西。这里的“条件”是指经济条件和制度条件。流行趋势研发、发布、应用、生产的模式，在市场经济发达的欧美国家已经十分成熟，其基础正是较为富裕的国民以及自由市场带来的开放、多元的社会氛围。手里有闲钱，才会去购买“我想要”的东西而不仅仅是“我需要”的东西；社会开放、观念多元，才更容易接纳新的事物。

随着改革开放的不断深入和社会主义市场经济的不断发展，人们越来越富裕，思维越来越开阔，这就为流行趋势的发展做好了准备，而事实也的确如此。无论是涂料还是壁纸，无论是卫浴产品还是家具布艺，国内的大小品牌都开始热衷于制作本行业的流行色趋势报告，试图通过色彩趋势，呈现不同的搭配方式，来引导消费方式和购买行为。

流行色趋势是如何预测出来的？

虽说流行色的确是一小部分专业人士的密谋，但专业的流行色趋势的预测并非空穴来风，也不是由某个机构或个人随意指定。对于专业的流行色预测机构来说，每一组色彩、每一个主题背后，都是对社会意识形态、文化、经济等现状的敏锐观察。预测者将这些观察与当下的生活方式紧密结合，最终把生活方式的变化趋势通过具象的图像、色彩组合表达出来，并将这些组合以主题故事的方式讲述出来，最终把抽象的概念转化成一眼便能唤起人们情感联想的色彩灵感板以及色谱。

图 1-8

流行色预测机构或成熟的品牌，会邀请各个领域的设计师聚在一起展开头脑风暴，参会者会将自己近一年来感兴趣的生活理念和热点事件与众人分享，其中包括新锐设计、社会现象、流行文化、技术、艺术、影视作品、音乐等，从这些组成人们生活方式的方方面面中，最终提炼出能概括其共性的关键点、关键词以及发展趋向，并通过筛选留下最具代表性的关键内容。这些经过筛选的关键点，进一步发展成某个主题，然后再根据主题挑选合适的新锐设计产品，总结它们的色彩特征，提炼流行色主题色谱。最终，这些原本抽象、零散的元素，像马赛克一样被拼成新的视觉图片展现在人们面前。

图 1-9

图 1-10

图 1-8～图 1-10 笔者与团队在进行流行色的梳理和制作。摄影：张昕婕

展望未来的前提和基础是了解过去，说到底预测是依据过去经验的总结，结合当下发生的现状，对未来的可能性做出合适的判断。所以在总结和预测流行趋势时，如果对曾经的流行一无所知，显然是不行的，有了对过去流行的理解，才能对当下的经典产生更深的理解。

在第三章中，笔者将会向读者介绍 20 世纪前后的 100 多年间，流行色在时尚圈和家居生活中的演变。提取不同年代影响人们生活方式的重大事件，包括艺术流派、科技发明、经济和政治状况、娱乐方式等，并选取这些事件的图像表达，为读者展示那些“经典”的流行色，以及家居流行色与整个社会生活的联系。

GY-02

G-16

B-33

B-42

BG-12

B-59

B-51

B-62

风格即流行的固化

说到“流行”，我们总会联想到“转瞬即逝”，与之相对的是“不可磨灭”，即 “经典”。而在室内设计中，说到“经典”又往往离不开“风格”二字。所谓“风格”，即特征的组合，这些特征在室内设计中，表现为某种既定的符号。比如，在新古典主义风格的室内设计中一定会有漂亮的石膏线，古希腊、古罗马时期的纹样和图案，以及具有古希腊或古罗马样式特点的家具；装饰主义风格（Art Deco）通常会有来自古埃及的扇形图案和纹理，往往用黑色与金色搭配；波普风格则色彩鲜亮，多曲线造型、波点图案和波普艺术绘画等。

实际上，所有这些既定的符号，都是某个特定时期的时尚流行。这些流行元素的影响力极为强大，以至于多年以后，当人们说起那个时期，就会想到这些元素，而当人们将这些元素再次组合起来的时候，就会立刻回忆起那个年代，这时“风格”就产生了。既定的风格，在时间的推移中，与新的生活方式结合，产生新的流行，新的流行经过时间的考验，又转化成新的风格。比如我们常说的“美式风格”，就是美国先民将当时欧洲最流行的新古典主义风格带到北美新大陆，结合新的生活方式，衍生出的新的风格，所以说风格就是固化了的流行。

形成风格有三个要素，即材质肌理、图案造型和色彩，前两者皆是色彩的载体，而色彩则是前两者最直观的体现。因此，我们在聊风格这种特定时期的流行时，就不得不说一说色彩。

色彩组合，来自潘通公司（Pantone）2017 年发布的“草木绿”色彩灵感

图 1-11 项目所在地：杭州西城年华。设计工作室：尚舍一屋。风格：美式

新古典主义风潮开始之前，以法国为代表的欧洲宫廷，流行的是奢靡的洛可可风，在洛可可风潮之前，则是华丽的巴洛克风。新古典主义的形式与两者完全不同，新古典主义稳重、简洁，与巴洛克和洛可可相比甚至是朴素的，在绘画、家具、室内装饰、建筑立面、服饰上都体现了这一特点。

图 1-12 《秋千》，1767 年，布面油画，洛可可风格，英国伦敦华莱士收藏馆藏。让 - 奥诺雷 • 弗拉戈纳尔（Jean-Honoré Fragonard），1732—1806 年，法国人

《秋千》是洛可可风格绘画的典型代表。像许多洛可可风格的绘画作品一样，这幅画表现的是男女在花园中约会嬉闹的场景，人物神态显现出一丝轻佻，画面色调活泼明快，构图富有动感。而人物的服饰则是典型的洛可可风，奢靡、华丽。这种享乐主义的风潮，在整个洛可可时期，占据了包括建筑、室内设计、家具、时尚、音乐、绘画等视觉、听觉的所有载体

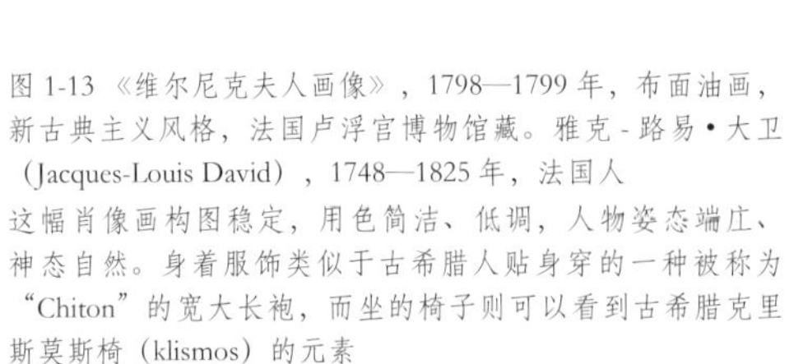

图 1-13 《维尔尼克夫人画像》，1798—1799 年，布面油画，新古典主义风格，法国卢浮宫博物馆藏。雅克 - 路易 • 大卫（Jacques-Louis David），1748—1825 年，法国人

这幅肖像画构图稳定，用色简洁、低调，人物姿态端庄、神态自然。身着服饰类似于古希腊人贴身穿的一种被称为“Chiton”的宽大长袍，而坐的椅子则可以看到古希腊克里斯莫斯椅（klismos）的元素

图 1-14 法国巴黎凡尔赛宫内部，路易十六的游戏室。摄影：Fanny Schertzer
以壁炉为空间的中线，形成左右对称的空间构成，而所有金色装饰线与洛可可风格相比都变得简洁，总体以直线为主，进一步加强空间的稳定性

图 1-15 旅行椅（Chaise voyeuse），1787 年，新古典主义风格，美国波士顿美术馆藏。设计者：让 - 巴提斯特 - 克劳德 • 塞内（Jean-Baptiste-Claude Sené），1748—1803 年，法国人。摄影：Sebastien

图 1-16 格鲁格官邸（Gruber Mansion），位于斯洛文尼亚首都卢布尔雅那，1773—1777 年，建筑采用巴洛克风格和洛可可风格，图中的楼梯间为典型的洛可可风格。摄影：Petar Milošević

图 1-17 长沙发，洛可可风格，美国大都会艺术博物馆藏。设计者：尼古拉 - 基尼拜耳 • 佛里奥（Nicolas-Quinibert Foliot），1706—1776 年，法国人

从洛可可风格到新古典主义风格，突如其来的改变来源于一场重大考古发现——意大利南部庞贝古城的发现。这座因火山爆发而毁灭的城市被火山灰掩埋，也因火山灰的保护而逃过时间的腐蚀，让世人看到一个完整的古罗马时期生活风貌。在这次考古发掘中，人们发现了大量古罗马时期的家具，由此掀起了一场声势浩大的效仿古希腊、古罗马这一古典时期审美的浪潮。原本华丽繁复的裙装，成了希腊式的宽松样式，而原本在建筑和室内设计中对曲线的执着、对雄伟华丽的无上推崇，都变成了对古希腊和古罗马时期对称的构图、简洁的直线、优雅的柱式的完全复刻。在室内，你会看到与古希腊陶罐上一样的装饰花纹，与古希腊建筑立面相似的石膏线，简洁、对称、稳定的空间构成，以及古希腊和古罗马时期家具的再现。

图 1-18 图 1-19

图 1-20 图 1-21

图 1-22 图 1-23

图 1-24

图 1-25

图 1-26

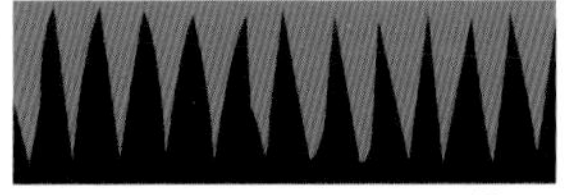

图 1-27

图 1-28

图 1-18 ～图 1-27 在古希腊陶罐上常见的纹样

图 1-28 装饰有运动的男性的古希腊陶罐。摄影：Matthias Kabe

在古希腊陶罐上，可以看到丰富的装饰图案，这些装饰图案的内容往往由二方连续（带状的纹样）和人物构成，这些纹样后来成了新古典主义墙面石膏线的最主要装饰

图 1-29

图 1-31

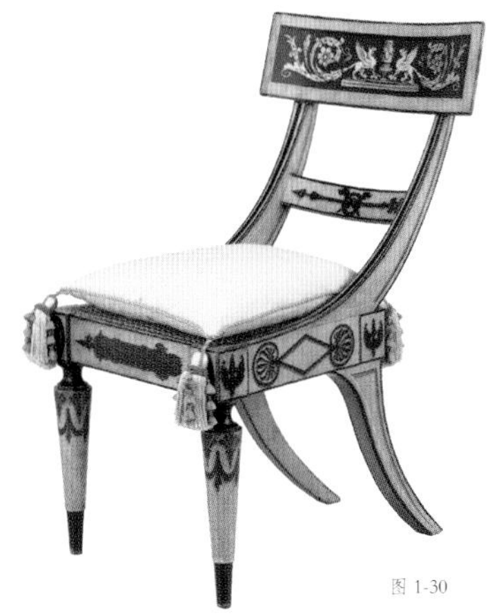

图 1-30

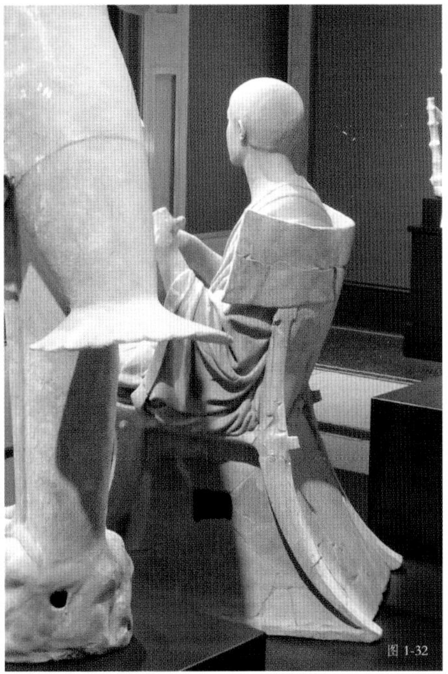

图 1-32

图 1-29 古希腊艺术品中的教育场景，法国卢浮宫博物馆藏。摄影：Marie-Lan Nguyen

画面中的椅子就是非常著名的克里斯莫斯椅（Klismos），这种在古希腊时期被普遍使用的椅子体量轻便、造型优美，在新古典主义风格中成为众多家具设计的灵感来源。而新古典主义元素是美式风格的主要构成元素，因此也成为后来美式风格家具的设计源头

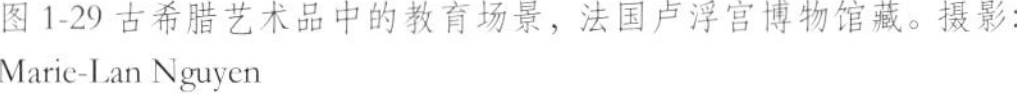

图 1-30 侧椅（Side Chair），美国大都会博物馆藏。设计工作室：约翰 & 休 • 芬德利（John & Hugh Findlay）

这款造型美观的椅子采用了古希腊克里斯莫斯椅的形式，由适合人体背部曲线的靠背和向外弯曲的椅腿构成

图 1-31、图 1-32 《坐于克里斯莫斯椅上的男人》，古希腊雕塑，美国保罗 • 盖蒂博物馆藏。摄影：Sailko

图 1-33 法国巴黎凡尔赛宫，玛丽 • 安东尼（路易十六的皇后）的套间，新古典主义风格。摄影：Crochet David
墙面的纹样装饰由古希腊纹样构成。图 1-34 中的古希腊建筑纹样，图 1-35 中的纳克索斯岛的斯芬克斯，图 1-36 中的陶罐纹样，都可以在玛丽 • 安东尼的套间中看到

图 1-34 古希腊建筑遗迹，希腊德尔斐考古博物馆藏。摄影：张昕婕

图 1-35 纳克索斯岛的斯芬克斯（Sphinx of Naxos），希腊德尔斐考古博物馆藏。摄影：张昕婕

图 1-36 古希腊陶罐，希腊德尔斐考古博物馆藏。摄影：张昕婕

欧洲各国的新古典主义风格在细节上有所不同，其中最为著名的是亚当风格（Adam style）。

亚当风格是指18 世纪在英国地区广为流行的新古典主义风格，是由苏格兰建筑设计师、室内设计师、家具设计师罗伯特·亚当（Robert Adam）和詹姆斯·亚当（James Adam）的一系列作品来定义的。亚当兄弟倡导将室内装饰的各个元素（墙面、天花板、壁炉、家具、固定装置、配件、地毯等）统一规划和设计，可以说是软硬装整体设计的鼻祖。

亚当兄弟设计的建筑空间充满古希腊、古罗马的建筑符号和装饰元素。例如古希腊和古罗马的柱式、雕塑、陶罐、拱门、建筑装饰等。空间色调清雅、空间构成稳定、家具线条轻快，充满了古典的庄严。亚当风格随后流传到俄罗斯和美国，在美国的亚当风格生长出新大陆的其他特征，成为联邦风格，也就是现代美式风格的前身。

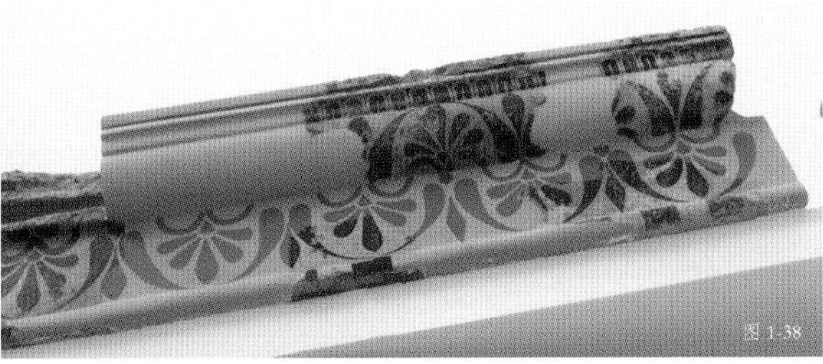

图 1-37 书柜，1776 年。设计者：罗伯特 • 亚当 (Robert Adam)，1728—1792 年，英国人
在书柜表面的彩绘中可以看到古希腊陶罐和建筑中，以植物为主题的图案的影子

图 1-38 古希腊彩绘，希腊德尔斐考古博物馆藏。摄影：张昕婕

图 1-39 古希腊陶罐，希腊德尔斐考古博物馆藏

图 1-40 希腊雅典的奥林匹亚宙斯神庙遗迹（Temple of the Oympian Zeus）。摄影：张昕婕
图片中的希腊柱式是十分典型的柯林斯柱式，这种柱式是古希腊晚期出现的建筑柱式

图 1-41 雅典卫城中的希罗德•阿提库斯剧场（Odeon of Herodes Atticus）外侧立面。摄影：张昕婕
剧场于 161 年由古罗马人建造，从图片中可以看到古罗马人对世界建筑最重要的贡献——拱券

图 1-42 肯伍德府（Kenwood House）图书馆，位于伦敦汉普斯特得
原始建筑的建造可追溯到 1616 年，1764—1779 年由罗伯特•亚当对其进行改造。图书馆是亚当新增的建筑部分，也是他最著名的室内设计作品之一

图 1-43 美国大都会博物馆复原的亚当风格客餐厅。摄影：Sailko
古希腊柱式、古罗马拱门、古希腊纹样、未经施色的古罗马和古希腊式的人物雕像（现在看到的古希腊、古罗马时期的雕像都以无彩色的形式立于世人面前，但事实上，彼时的雕塑都被上色，如真人般），成为新古典主义的主要符号，一直延续至今

亚当兄弟十分善于将古希腊纹样与优美的石膏线相结合，而在色彩上尤其偏爱浅绿、浅蓝色调，与现在大家常见的美式风格非常相似。

图1-44

图 1-44 肯伍德府（Kenwood House）室内。设计者：罗伯特•亚当（Robert Adam）。摄影：Jörg Bittner Unna

图 1-45 ～图 1-48 这些家居色调和风格设计是当下最受美国家庭欢迎的类型，被称为“传统风格”。而在我国，这种样式则被称为“美式风格”。这种浅蓝、浅绿色调与白色石膏线的搭配组合方式，显然是亚当风格惯用色彩组合方式的一种延续。图片来源：Houzz

图 1-45

图 1-46

图 1-47

图 1-48

现代美式风格保留了亚当风格中的石膏线，也保留了新古典主义风格的典型家具，只是将这些典型元素都进行了简化，而浅蓝、浅绿色调与白色石膏线、护墙板的组合则一直是美式风格中的经典配色。至此，新古典主义终于从一项由考古发现带来的宫廷流行风尚演变成一种经典的家居装饰风格。

图 1-49

图 1-50

图 1-51

图 1-52

图 1-53

图 1-54

图 1-55

图 1-56

图 1-49 ～图 1-53 项目所在地：杭州西溪悦居。设计工作室：尚舍一屋。风格：美式

图 1-54 扶手椅，1781 年，新古典主义风格。设计者：乔治•雅各布（Georges I Jacob），1739—1814 年，法国人

图 1-55 长沙发，19 世纪末，根据 18 世纪的设计图纸复制，亚当风格。设计者：Gillows

图 1-56 软座圈椅，18 世纪中期，洛可可风格。图片来源：美国大都会博物馆

将图 1–49 中的布艺长沙发单独提取出来（图 1–51），会发现沙发的扶手弧线，与新古典主义时期法国宫廷中的扶手椅（图 1–54）十分相似，更与亚当风格的长沙发（图 1–55）几乎一模一样。从图 1–49 中再单独提取出茶几（图 1–52），又会发现茶几腿的设计与图 1–54、图 1–55 的沙发腿为同一种类型的设计。当然，美式风格并不全是新古典主义，作为一种杂糅的风格，我们还可以看到一些洛可可风格的遗存，例如从图 1–50 中提取出的沙发椅（图 1–53）靠背和扶手部分显然是洛可可式家具（图 1–56）的延伸，而沙发腿则做了简化，显现出克里莫斯椅的一些线条特点。我们在现代美式风格家具里可以看到非常显著的新古典主义风格特征。

图 1-57 项目所在地：杭州西溪悦居。设计工作室：尚舍一屋。风格：美式

图 1-58 项目所在地：杭州西城年华。设计工作室：尚舍一屋。风格：美式

图 1-59

图 1-60

图 1-61

图 1-62

克里斯莫斯椅有优美的弧线靠背和椅腿，这种向外延展的弧形椅腿，在当代美式家具中被当作经典元素使用。在现代美式风格室内空间（图 1-62）中的沙发、茶几、餐椅中，都可以看到克里斯莫斯椅这种向外延展的弧形设计。而图 1-59 单人靠背椅的靠背部分，简直就是克里斯莫斯椅的完整再现。图 1-61 中的拱形床头样式也是现代美式风格家具中常见的样式，这种样式可能以复刻的形式出现，也可能如图 1-60 中的坐卧两用实木沙发床所示，产生一些延伸和变化。

图 1-59 单人靠背椅

图 1-60 美式风格坐卧两用实木沙发床

图 1-61 有拱形床头和华丽装饰的床，位于法国巴黎凡尔赛宫，玛丽·安托瓦内特王后寝殿一楼的浴室，新古典主义风格。摄影：Myrabella

图 1-62 现代美式风格室内空间。设计工作室：Alexander James Interios

图 1-63、图 1-64 项目所在地：杭州西溪悦居。设计工作室：尚舍一屋。风格：美式

图 1-65、图 1-66 项目所在地：杭州西城年华。设计工作室：尚舍一屋。风格：美式

图 1-65

图 1-66

图 1-67

图 1-68

图 1-67 项目所在地：杭州西溪悦居。设计工作室：尚舍一屋。风格：美式

图 1-68 项目所在地：杭州西城年华。设计工作室：尚舍一屋。风格：美式

图 1-69

图 1-70　图 1-71　图 1-72

图 1-69 现代美式餐桌椅。项目所在地：杭州西城年华。设计工作室：尚舍一屋

图 1-70 软垫圈椅，1770 年，新古典主义风格，美国大都会博物馆藏。设计者：路易·德拉诺瓦（Louis Delanois）

图 1-71 现代美式单人沙发。项目所在地：杭州西城年华。设计工作室：尚舍一屋

图 1-72 德拉诺瓦式的扶手椅，19 世纪初期制作

现在十分常见的美式风格餐椅（图 1–69）几乎是路易十六时期新古典主义风格椅子的翻版，在当时的知名家具设计师路易·德拉诺瓦的作品（图 1–70）中，可以看到这种椅子的主要造型特征。另外一种在当代美式风格家居中比较流行的单人沙发（图 1–71），也可以在 19 世纪初期制作的德拉诺瓦式的扶手椅（图 1–72）中看到类似的弧线。图 1–73 与图 1–74、图 1–75 与图 1–76 的靠背和扶手曲线都存在明显的承接关系。

图 1-73 图 1-74 图 1-75 图 1-76

图 1-73 现代美式单人沙发椅。项目所在地：杭州西溪悦居。设计工作室：尚舍一屋

图 1-74 扶手椅，1785 年，新古典主义风格，美国大都会博物馆藏。设计者：乔治·雅各布（Georges Jacob）

图 1-75 现代美式单人沙发椅。项目所在地：杭州西城年华。设计工作室：尚舍一屋

图 1-76 软垫圈椅，1765 年，晚期洛可可风格，美国大都会博物馆藏。设计者：路易·德拉诺瓦（Louis Delanois）

图 1-77

图 1-78

图 1-79

图 1-77 ～图 1-80 当下最受美国家庭欢迎的“传统风格”，我们称为美式风格。图片来源：Houzz

图 1-81 Sturehov 庄园内部，1781 年建成。设计者：Carl Fredrik/Adelcrantz。摄影：Holger.Ellgaard

Sturehov 庄园是瑞典斯德哥尔摩郊区的一座庄园，是古斯塔夫三世统治时期最美丽、保存最完好的庄园之一，完美呈现了当时法国新古典主义在瑞典的本土化再现

图 1-82 古斯塔夫三世宫（GustavⅢ's Pavilion）餐厅，1787 年

从古斯塔夫三世宫餐厅，可以看出法国宫廷奢华的新古典主义在瑞典化繁为简，色彩变得浅淡，装饰更加简洁，成为后世斯堪的纳维亚风格的源头，也是美式风格的重要组成部分

新古典主义风格从 18 世纪中晚期开始风靡整个欧洲。其中法国宫廷的新古典主义（路易十六时期），还延续了洛可可风格的纤细轻盈，造型上更为简洁、优美。1771 年，瑞典国王古斯塔夫三世（Gustav Ⅲ）出访巴黎，对凡尔赛宫的新潮样式甚为着迷，决定创建自己的“北方凡尔赛宫”，于是，当时正在法国宫廷流行的新古典主义进入北欧宫廷，并在随后的发展中形成了斯堪的纳维亚风格（北欧风格）的前身。

亚当风格则从 18 世纪 60 年代开始流行于当时的英格兰、苏格兰、俄罗斯，以及独立战争后的美国。而它在美国的发展则逐渐演变出自己的特点，成为人们所说的联邦风格。同时，美国的先民们由多个国家的移民构成，这些来自不同国家的移民，自然会将故乡流行的室内设计元素代入其中。来自北欧的移民同样是美国重要的人口组成部分，所以在美国的联邦风格中，也逐渐可以看到斯堪的纳维亚风格的印记，这一切都成为现在我们所看到的美式风格的源头。

室内设计的流行趋势总是与社会整体的流行风尚保持一致，其背后是整个社会发展阶段带来的集体共识。人们在众多设计中，选择了最符合时下意识形态、思潮、生活方式理念的一种。新古典主义风靡表面看来是因为庞贝古城的发掘使人们突然对古典审美发生了兴趣，实际上却是启蒙运动之后，中上层阶级和知识分子在崇尚理性、反对奢靡的总体思潮下的选择。

这个现象在今天依然存在。自 2010 年起，粉色悄悄地在设计的各个领域崛起，发展到今天几乎成为一种与黑、白、灰、米、咖、驼等中性色一样的经典色。在各个品牌的产品系列中，总是会看到一款或几款不同材质、不同图案的粉色产品，粉色已经在不到十年的时间里演变成一个几乎没有性别的中性色了。

YR-36

R-23

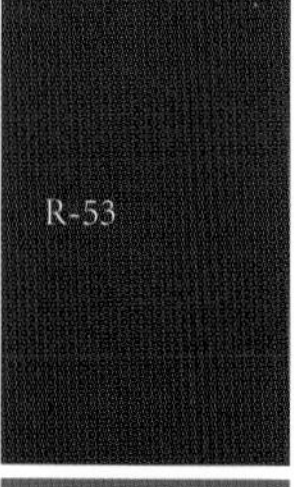

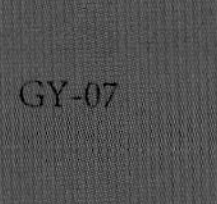

图 1-83

图 1-83 慢椅（Slow chair），2007 年，品牌：Vitra，法国巴黎装饰艺术博物馆藏。设计者：Ronan & Erwan Bouroullec。摄影：张昕婕

“千禧粉”，在全球掀起了一股粉色浪潮，从服装、食品包装、文具、化妆品，到各种家居用品，乃至整栋建筑的外墙，几乎都有它的身影。

早在 2007 年，瑞士家具品牌 Vitra 就推出了一款粉色的“慢椅”（图 1–83）；2009 年宜家的产品目录封面，出现了后来风靡全世界的粉黑组合（图 1–84），2010—2011 年前后，英国流行色预测机构“MIX”发布的《2012—2013 年设计流行色趋势预测报告》，就出现了若干以粉色为核心的色彩主题（图 1–85）；2012 香奈儿秋冬高定，着力推出粉色系列，在这个系列中粉色与黑色、灰色的组合方式，成为后来“千禧粉”应用时的固定搭配；几乎在同时，Dior 推出的 2013 年早春系列，也使用了粉色，而在随后的 2014 年早春系列，也以粉色与黑色的组合为主打。

图 1-84

图 1-85

图 1-84 瑞典家居品牌宜家（Ikea）产品目录封面

图 1-85 英国流行色预测机构“MIX”发布的《2012—2013 年设计流行色趋势预测报告》中，以粉色为核心的“轻晕红腮（Blush）”主题。在这组颜色中，我们看到了几乎所有在随后的几年中流行于家居行业的颜色组合

随后，粉色逐渐在涂料、家居面料、产品等各个领域中渗透。2015 年苹果手机 iphone 6s 推出玫瑰金色，作为当时苹果手机最新型号的象征，中国内地消费者开始对玫瑰金趋之若鹜，进而在不知不觉中对粉色投以更多关注。2015 年 12 月，潘通公司在自己的官网发布了 2016 年的年度色，这一年的年度色有两个，分别是“粉晶色”和“静谧蓝”。在成功的推广和营销下，粉色成了中国社交网络的热门词，人们开始热切地谈论它，从这时开始，国内的家居产品制造商也将目光投向了粉色，经过 2016 年、2017 年两年时间，粉色已经完成了从时尚尖端的小众流行到大众经典的转身，成为一个常规经典色。在今天的家居产品系列中，又有谁会忘记加一个粉色呢？

图 1-86

图 1-87

图 1-88

图 1-89

图 1-90

图 1-86 迪奥（Dior）2013 年早春系列

图 1-87 迪奥（Dior）2014 年早春系列

图 1-88、图 1-89 香奈儿（Chanel）2012 年秋冬高定

图 1-90 男装运动服的粉色潮流。摄影：Hunter Newton

图 1-91

图 1-91 潘通马克杯。摄影：张昕婕
潘通公司在 2015 年 12 月发布了 2016 年的年度流行色“粉晶色（Rose Quartz）”和“静谧蓝（Serenity）”的同时，也发布了与年度色相关的周边产品，照片中的马克杯印有“粉晶色”和“静谧蓝”两个色块，并标注了相应的潘通色号

图 1-92 2015 年科隆家具展中的最新家具产品设计。彼时在欧美的家居设计中，粉色已经非常流行

图 1-93 iphone 6s
2015 年产的这款苹果手机的粉色被命名为“玫瑰金”，成为国人追捧的对象。在当时所有的苹果手机产品中只有 iphone 6s 才有这个颜色，这就意味着当人们把“玫瑰金”色手机拿在手上时，别人一眼便可识别出这是最新款的苹果手机

Rose Quartz
13-1520

Serenity
15-3919

图 1-92

图 1-93

粉色在成为大众经典的过程中也不乏一些偶然因素，例如中国消费者当时对苹果新款手机的狂热追求，但归根结底是当下人们对审美平等的诉求。一种颜色想要成为经典色，通常来说应该是中性的、人人可用的，同时也是跨越阶级、性

别、年龄、地域和文化的。而粉色恰恰是一种性别感、年龄感都极强的颜色。说到粉色，人人都会立刻联想到年轻的女性或可爱的小女孩儿。在流行色趋势机构预测到“千禧粉”时，看到的恰恰是当下女性力量崛起，男女平权、消除歧视、剥离性别刻板印象的整体趋势。而在实践中，消费者的反馈印证了这一构想，于是这种柔和的粉色在设计者的演绎下，与各种中性材质结合，与诸如黑色、灰色、深蓝、酒红等较浓重的颜色组合，让粉色表现出更强的普适性。当“千禧粉”在人群中逐渐蔓延开来时，因为从众的天性，即便原本对粉色带有成见的人，也开始尝试使用它。如此这般“千禧粉”就像新古典主义一样，逐渐走向“经典”。

有趣的是，在被温和、低彩度的“千禧粉”洗礼之后，中国的消费者对类似的低彩度的有彩色似乎越来越喜欢，并逐渐代替了“无印良品”式的“性冷感”，形成了一个新的大众流行家居色彩术语——“莫兰迪色”，在网络上，这个词与“高级灰”“高尚的生活方式”联系在一起，形成刷屏之势。而电视剧《延禧攻略》播出之后，这部火遍全国的清宫剧，更是因为较低彩度的画面质感，得到极大的赞扬。而各种自媒体，也因为这部电视剧，将中国传统色与“莫兰迪色”强加联系，以说明中国传统色的高级，尽管真正的清代宫廷服饰、建筑用色与“莫兰迪色”毫无关系，但媒体的追捧反映了当下流行的对低彩度的审美。

图 1-94 《静物》，1956 年，油画。乔治•莫兰迪（Giorgio Morandi），1890—1964 年，意大利人

图 1-95 《静物》，1955 年，油画。乔治•莫兰迪（Giorgio Morandi），1890—1964 年，意大利人
乔治•莫兰迪是意大利画家，擅长画静物。在他的静物画中可以看到塞尚的画风，也可以看到立体派的影响。而在色彩上，他的画总是保持低彩度、粉彩的特征，因此总是给人以静谧、克制、寡淡、超脱之感。这种特点在网络上被自媒体大肆宣扬，甚至将莫兰迪拜为“高级灰”的鼻祖，并出现了“高级灰也被设计艺术圈子称为莫兰迪色”的论调，而事实上，“高级灰”只是绘画中一个十分普通的概念，是指通过多色混合调制出的柔和、和谐的低纯度色彩，而非单纯的通过加黑色和白色调制出的灰色

图 1-94

图 1-95

图 1-96

图 1-96 2018 年法兰克福家纺展（Heimtextil Frankfurt）发布的《2018—2019 家居纺织品趋势手册》
核心主题为“未来是城市的（The Future is Urban）”。封面为灰、粉红、粉绿等简洁的颜色，图案线条简洁，看起来的确与莫兰迪的绘画存在某些共同的色彩语言

图 1-97 2018 年法兰克福家纺展发布的《2018—2019 家居纺织品趋势手册》内页
灰色的毛毯与肉粉色的组合，依然是当下及未来的主要家居面料和色彩趋势。粉色温柔、无侵略性，与同样简洁的造型和亲肤的面料相结合，也是当下生活方式的一种必然选择——城市越来越拥挤，单位居住面积越来越小，于是简洁的设计才会受欢迎；生活压力越来越大，于是静谧的、舒缓的颜色才会流行

图 1-97

图 1-98

图 1-98 2018 年德国柏林街边某个时尚买手店中的布置。摄影：张昕婕

N-25

R-50

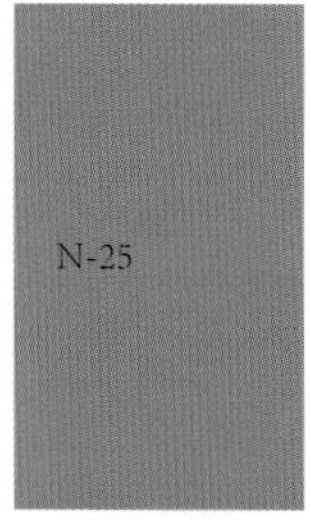

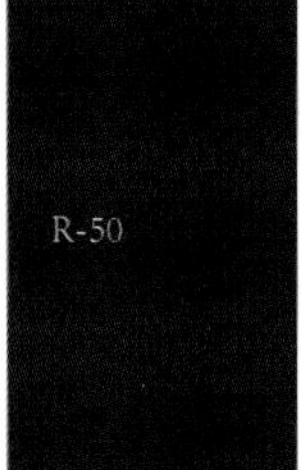

R-02

YR-46

N-14

图 1-99

图 1-100

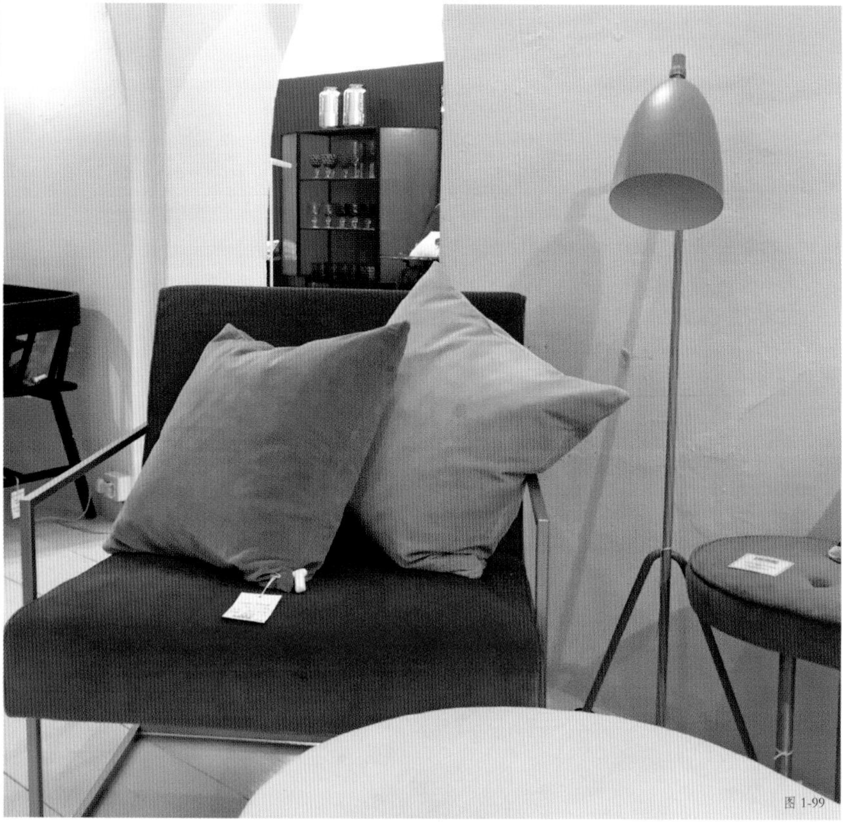

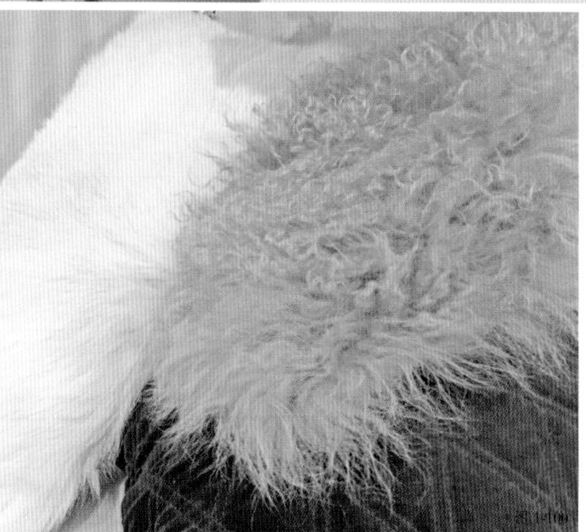

图 1-99 2017 年 1 月法国家居买手店 Bensimon 的产品陈设一角

图 1-100 2017 年巴黎家居博览会（Maison & Objet）中的展品陈列。摄影：张昕婕

图 1-101 2017 年巴黎家居博览会（2017 Maison&Objet PARIS）中的展品陈列。摄影：张昕婕

图 1-102 2017 年 1 月法国家具品牌 Ligne Roset 在巴黎的门店陈列

图 1-101

图 1-102

RB-09

R-12

Y-29

N-26

图 1-103

图 1-104

流行还是经典？绝对不是一个简单的二元对立问题，也就是说，流行与经典并不是非此即彼、完全对立的关系。流行也许是经典的起点，而经典也在流行的洗礼下不断进化，延伸出新的流行，然后新的流行可能又会成为新的经典……如此循环往复。古希腊、古罗马的家居风格随着欧洲政治、宗教、商业生活的变化而消逝，又因为政治、宗教、商业生活的变化而再次风靡。不管是经典还是流行，“风格”的形成，永远都与当时人们的生活方式相匹配。

人们可能都听说过凡·高、达·芬奇、毕加索，但有几个人知道莫兰迪这个画瓶子的画家呢？在十年前，又有人多少人会认为这种灰灰的配色、简单的线条放在家居设计中是“高级”的呢？然而在一个倡导简洁，以健康环保为时尚的时代里，“莫兰迪”被包装成一种“高级”的代名词向消费者推广，并被广泛地传播，也就顺理成章了。

图 1-106

图 1-107

图 1-103、图 1-104 2017 年巴黎家居装饰博览会（Maison&Objet PARIS）中的展品陈列。摄影：张昕婕

图 1-105 ～图 1-107 国外社交网络平台上流行的生活方式照片。摄影依次为：Alisa Anton/Stil/Plush Design Studio

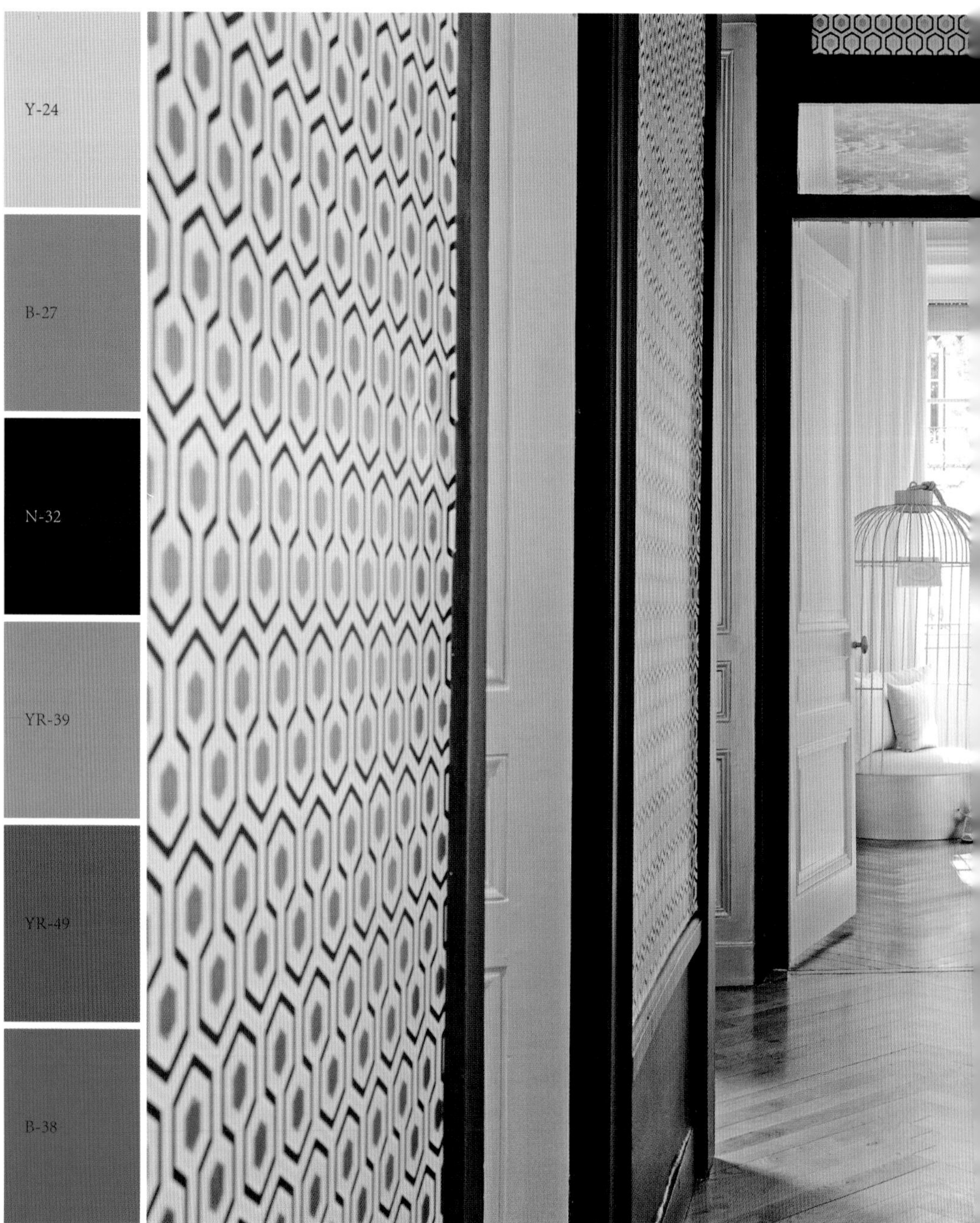
Y-24
B-27
N-32
YR-39
YR-49
B-38

图 1-108

图 1-109

图 1-108 ～图 1-116 Ecully 之家。设计者：克劳德•卡地亚设计工作室（Claude Cartier Studio）。摄影：Studio Erick Saillet

克劳德•卡地亚是一位活跃于法国里昂地区的建筑室内设计师和软装设计师，她的设计以极具个性化的当代审美而闻名。在这个案例中，虽然设计师仅用简单的粉、金与黑白灰搭配，却因为多变的图案和富有节奏感的颜色组合，带来丰富的视觉效果。设计师在进门玄关处，就直接点明了室内的设计元素和色彩语言——点状排布的图案、黑色与高彩度颜色组合、少量却是点睛之笔的金色；进入室内，这些设计元素和色彩语言通过不同纹理、不同形态的墙纸、座椅、靠垫、墙面涂料得到加强，形成清晰又多样的视觉环境

图 1-110

图 1-112

图 1-113

图 1-114

图 1-115

图 1-116

N-24

Y-29

R-02

YR-49

N-14

借趋势故事打动客户，启发灵感

流行色、流行色趋势，本质上是一种语言，这种语言的形式是色彩，用来描述当下人们的生活方式，在商业运作下，构建和引导人们的消费。色彩之所以可以承担这样角色，是因为色彩是最直观的、视觉化的情感表达。任意颜色组合在一起，都会令人联想到某种情绪、某种感受，而消费者在消费时，排除价格、功能等理性因素，消费者选择某种产品往往是“一见钟情”式的感性行为。

理解流行色和流行色趋势，就是理解当下人们的生活方式。而家，恰恰是人们生活方式的集合。家居空间设计，尤其是软装设计正是空间使用者精神追求和生活方式的集中体现。因此，作为一个空间设计师又怎能忽视流行色呢?

各大专业色彩机构和知名设计品牌发布的流行色趋势，往往通过不同的主题故事来表达，而这些主题故事，正是对人们生活方式的探索。这些故事，设计师可以直接采用，也可以继续延伸、演绎，启发更多的设计灵感。业主也可以从中看到更多的搭配可能。

流行色本身是什么颜色并不是最重要的，这个颜色背后的生活方式和趋势，才是真正值得重视的。明白了这一点，流行色怎样应用这个问题也就解决了一大半了。

	C M Y K	R G B
Fashion,Home+interriors (cotton) Pantone 15-0343 TCX	51 9 88 0	136 176 75
PLUS Series Pantone 376 C	54 0 100 0	132 189 0

图 1-117

图 1-117 潘通公司 2016 年 12 月在其官网发布的 2017 年年度色“草木绿”，以及“草木绿”所对应的潘通色号、CMYK、RGB 数值

我们以潘通公司发布的潘通（Pantone）2017 年年度色“草木绿”为例，来看看流行色与生活方式之间的关系。在潘通公司官网 2017 年年度色首页，有这样一段对草木绿（Greenery）的描述，大意如下：

> 2017 年‘草木绿’来到我们面前，让我们在喧嚣嘈杂的社会环境和政治气氛中得到一丝令人心安的慰藉。它满足了我们日益增长的渴望——恢复活力、返老还童。我们在不断寻求与自然各个层面的相互联系，而‘草木绿’正是这种联系的象征。

Greenery bursts forth in 2017 to provide us with the reassurance we yearn for amid a tumulthous social and political environment. Satisfying our growing desire to rejuvenate and revitalize, greenery symbolizes the reconnection we seek with nature,one another and a larger purpose.

“草木绿”鲜艳、明亮，如果用来做服装，对于亚洲人的肤色来说并不友好，用来做软装面料，也不适合大面积使用，与其他颜色搭配也总是伴随着一些争议。

图 1-118 潘通官网对“草木绿”的官方解释原文

图 1-119 “草木绿色”产品组合意向

图 1-120 “草木绿色”室内应用效果。图片来源：www.pinterest.com

图 1-119

图 1-120

但从潘通对这个颜色的官方解释可以看出，“草木绿”的到来，本质上是人们对回归自然的渴求，以及对青春的留恋。只要抓住这两个本质的点，我们就可以在这个基础上做更多发挥，将“草木绿”这个充满争议的颜色做出不同的变化，延伸出不同的色彩氛围，去匹配不同的家居风格。

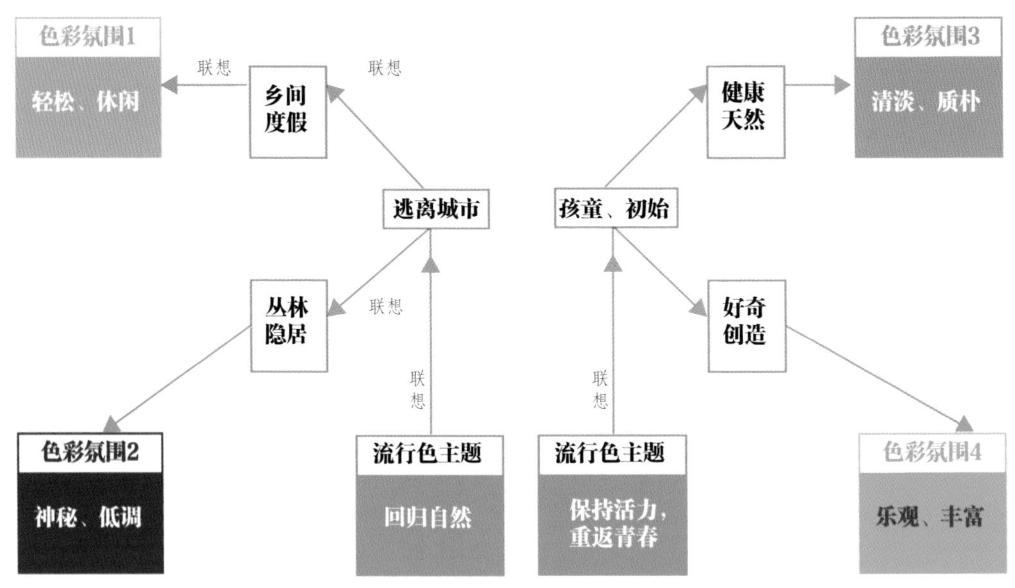

图 1-121

如图 1-121 所示，“草木绿”背后的关键词是“回归自然”“保持活力，重返青春”。那么从这两个关键点出发，可以产生两条不同的联想：回归自然——逃离城市；保持活力，重返青春——孩童、初始。而“逃离城市”可以进一步联想到在丛林中遁世隐居，以及短暂的乡间度假。这两种不同的生活方式，再进一步衍生出“轻松、休闲”和“神秘、低调”两种不同的色彩氛围，这两种色彩氛围可适配的绿色就会有很大的不同。“保持活力，重返青春”这条主题线，也同样可以产生不同的色彩氛围，围绕这些色彩氛围下的核心颜色，又可以展开形成不同的色彩组合，而色彩面积比例的变化又会带来新的差异，最终呈现出千变万化的色彩方案。我们以图 1-121“色彩氛围 2”中的深绿色为例，来看看不同色彩组合的不同效果。

图 1-122

图 1-123

图 1-124

图 1-122 ～图 1-137 项目主题：午后苔语。项目性质：软装改造。设计工作室：尚舍一屋

在主题为“午后苔语”的软装改造项目中，深绿和墨绿在客厅中（图 1–122 ～图 1–124）所用不多，但与黄色、木色结合起来，成功打造出了一个温润的苔藓在午后阳光下静静地偏安一隅的图景。在主卧中（图 1–125 ～图 1–127），深绿色成了一个面积更大的颜色，于是，静谧、深沉的情绪相比客厅，变得更加明显。在书房中（图 1–128 ～图 1–130），深绿色的比例再次变小，与主卧相比，显得更加抑扬适中。餐厅（图 1–131 ～图 1–133）与客厅相连，因此色彩氛围是客厅的延续，但绿色更少，整体氛围更为轻松温和，以匹配餐厅的用餐氛围。

N-03

YR-66

Y-47

N-23

G-23

图 1-125

图 1-126

图 1-127

图 1-128

图 1-129

图 1-130

图 1-131

图 1-132

图 1-133

图 1-134

图 1-135

图 1-136

图 1-137

隐士

越来越多的都市新贵追求返璞归真的生活，在密林中建一间隐秘的居住之所，成为人们的向往。这一系列，将低调的苍绿色，与木色组合，打造原生态的色彩意向，同时金色元素必不可少，以突显低调奢华之感

图 1-138

墨绿

R:0 G:43 B:20
C:60 M:0 Y:60 K:90
PANTONE 19-5917 TPX

翠绿

R:0 G:118 B:101
C:90 M:0 Y:55 K:40
PANTONE 17-4724 TPX

枯金

R:169 G:113 B:83
C:0 M:45 Y:50 K:42
PANTONE 18-1336 TPX

玫瑰红

R:62 G:49 B:41
C:0 M:15 Y:20 K:90
PANTONE 19-1111 TPX

暗红

R:85 G:24 B:0
C:0 M:70 Y:80 K:80
PANTONE 19-1656 TPX

雾白

R:210 G:203 B:194
C:0 M:5 Y:10 K:25
PANTONE 13-0000 TPX

YR-05

图 1-139

色彩情绪：稳重、奢华、时尚、复古

图 1-138 ~ 图 1-141 选自《普洛可 2016 家居流行色趋势手册》中的“隐士”主题。制作单位：PROCO 普洛可色彩美学社
这个主题下的所有颜色，还可以互相调整做其他各种自由组合，以适应不同的需求，且都会保持秘境之气氛，契合低调华丽之感

图 1-140

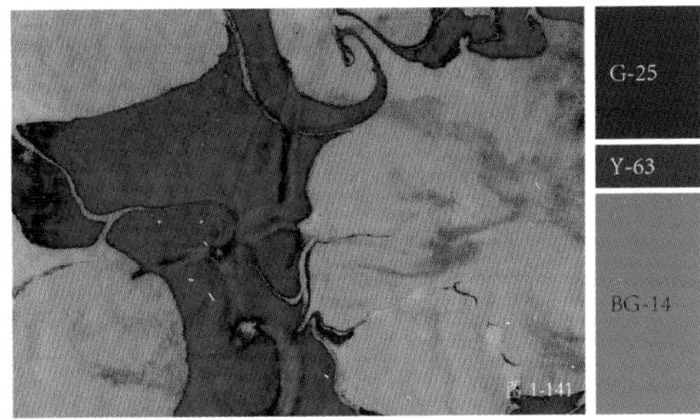

图 1-141

围绕“午后苔语”这个主题展开的色彩故事，在立意上突出了午后的阳光暖意，因此，虽是以深绿色为核心的色彩组合，但依然倾向于温润和开放。而以“隐士”为主题的色彩灵感板（图 1–138），则诉说了一个更为隐秘、奢华的故事，从中提炼出来的色彩组合，更契合“神秘、低调”的色彩氛围，这种色彩组合，能够表达出稳重、奢华、时尚、复古的色彩情绪。

“隐士”是从普洛可色彩美学社发布的《普洛可 2016 家居流行色趋势手册》中截取的一个主题。在完成一个完整的流行性色趋势报告和手册时，制作一张像“隐士”这样的色彩灵感板十分关键。色块组合的确能够传达某种情绪和氛围，而将枯燥的色块用更具体的图像表达，则是打动人心的重要一环。在实际的室内设计尤其是软装设计中，这一步骤往往必不可少，因为这是用更具象和直接的方式向用户传达出设计者的设计理念。人们在购买时，往往被产品的故事打动，而色彩灵感板，是最直观的故事讲述者。

作为设计师，关注流行色是拓展思路的方式，而科学地使用流行色，则是成功的捷径。

图 1-142

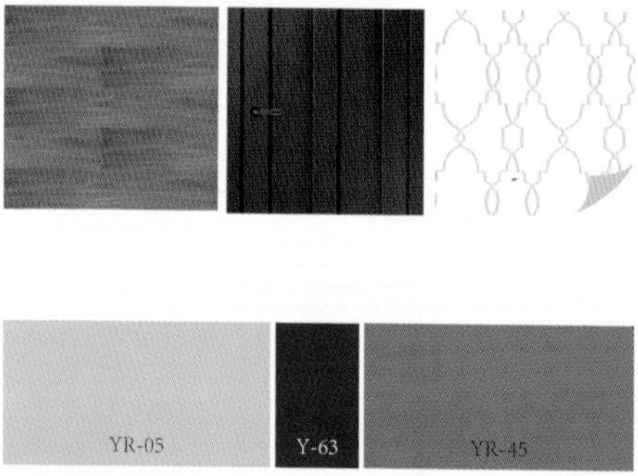

YR-05 Y-63 YR-45

图 1-143

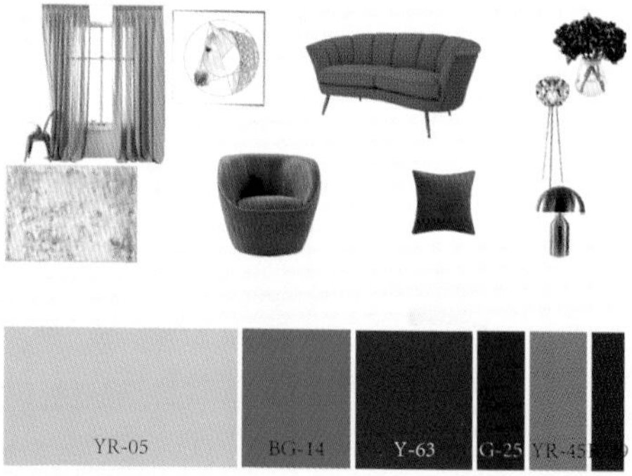

▲ 硬装色彩组合

YR-05 BG-14 Y-63 G-25 YR-45

图 1-144

▲ 软装色彩组合

图 1-142 ～图 1-146 选自《普洛可 2016 家居流行色趋势手册》中的“隐士”主题。制作单位：PROCO 普洛可色彩美学社

图 1-145

▲ 硬装色彩组合　　▼ 软装色彩组合

图 1-146

围绕“隐士”色彩灵感板，将色彩组合中的颜色应用到软装和硬装中的不同布局，可以衍生出不同的装饰风格。如装饰艺术风格（图 1–142~ 图 1–144），或北欧风格（图 1–145~ 图 1–146）。

原野春日

原野里繁花点点，雏菊盛开，蔷薇蔓延。少女在花田里起舞，暖暖的春光让皮肤泛起美丽的金黄。春日阳光的色彩留在了花田，变成少女记忆中的印象花园。

图 1-147

樱粉

R:239 G:145 B:174
C:0 M:55 Y:10 K:0
PANTONE 15-2217 TPX

蕊黄

R:246 G:174 B:59
C:0 M:39 Y:80 K:0
PANTONE 13-0942 TPX

春蓝

R:183 G:219 B:237
C:33 M:7 Y:7 K:0
PANTONE 15-4105 TPX

菊白

R:255 G:254 B:241
C:0 M:0 Y:8 K:0
PANTONE 11-4300 TPX

初绿

R:197 G:226 B:194
C:27 M:0 Y:30 K:0
ANTONE 13-6110 TPX

深绿

R:46 G:87 B:55
C:55 M:0 Y:60 K:70
PANTONE 19-5420 TPX

图 1-148

色彩情绪：阳光明媚、花团锦簇、年轻、朝气

图 1-147 ～图 1-150 选自《普洛可 2016 家居流行色趋势手册》中的“原野春日”主题。制作单位：PROCO 普洛可色彩美学社

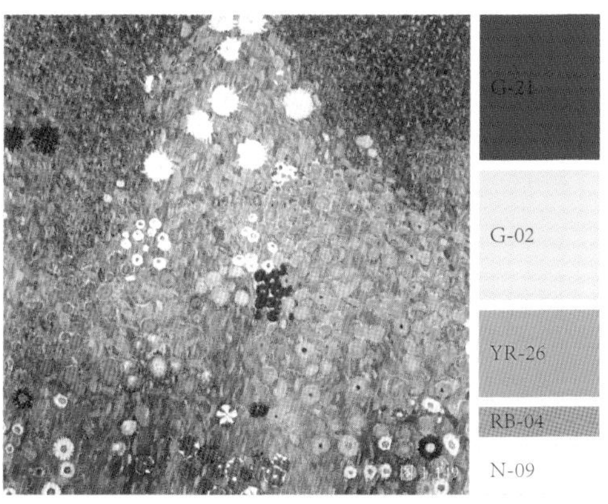

图 1-149

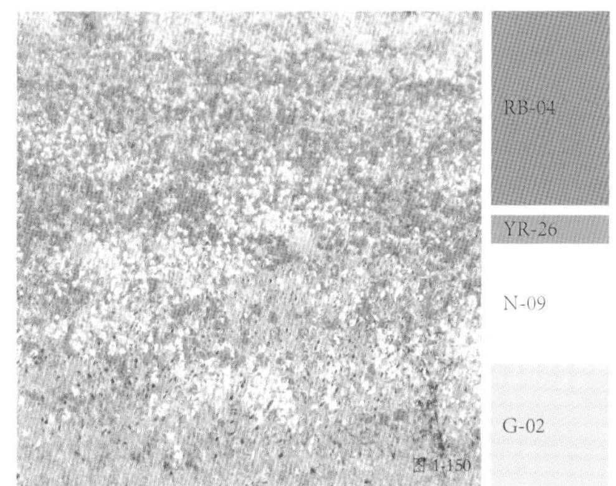

图 1-150

同样是深绿色，色彩灵感板“原野春日”（图 1–147），是否依旧保持了神秘、低调之感呢？相信观者定然不会产生这样的感受。单独的某个颜色并不能对空间的整体色彩氛围营造起到决定性的作用，即便有时单个颜色的作用很大，但只要替换了与之搭配的颜色，整体的氛围和情绪就会产生变化。“原野春日”中的深绿色与“隐士”中的深绿色相比，在色相上发生了一点改变，再加上色彩灵感板的故事性暗示，人们对这组色彩方案的认知，便会受到一个先入为主的心理暗示。室内色彩设计，尤其是软装色彩设计，解决的主要是用户的精神需求。人们对软装色彩氛围的选择，就像人们对品牌的选择一样，归根结底是一种自身精神需求的投射。

图 1-151
图 1-152

图 1-151 ～图 1-154 选自《普洛可 2018 家居流行色趋势手册》中的“原野春日”主题。制作单位：PROCO 普洛可色彩美学社

图 1-153

图 1-154

完整的流行色趋势报告，除了颜色一定还会有材质和图案的相关趋势呈现。从图案的配色出发，做整体的软装搭配，也是一个高效且快速的方法。如图 1–152 和图 1–154，皆是“原野春日”色彩主题下开发的软装图案，所用到的色彩皆从“原野春日”主题色板中选取组合。以这些图案为核心，将这些图案中的颜色组合直接应用于室内图案中，主题明晰、效果立现。

2

流行色在家居中的运用

色彩属性演绎法

色彩情感演绎法

色彩风格演绎法

this
must be
the place

没有丑陋的颜色，只有不合适的搭配。

——玛丽·皮埃尔·赛尔文迪（Marie Pierre Servendi）

色彩属性演绎法

专业的色彩机构在发布每年的流行色时，都会给我们一种或几种十分明确的颜色，而不是某个色彩范围。这时大家可能就会遇到这样的困惑——同一种颜色，怎么用到不同的室内环境中？同一种颜色，使用起来岂不是十分局限？客户一定会喜欢这个颜色？如果不是，那流行色也就没有意义了吧？

其实，如前文所述，流行色趋势最大的作用是为设计师提供更多的色彩灵感，而不是限制设计师的创造力。根据流行色背后对生活方式的概括来延伸、变化流行色，优秀的设计师在流行趋势的指导下，可以衍生出更多色彩组合的可能性，做出更有趣的设计，而做到这一点的前提是对色彩属性与情感间联系的驾轻就熟和对色彩演绎的能力。当然，想要具备这样的能力，首先需要对色彩间的演变了如指掌。

万千颜色之间总有着千丝万缕的联系，两个完全不同的颜色，可能只需要几个步骤就可以相互演变和转化，这种演变和转化的方法，称为色彩属性演绎法。

图 2-1

如何把一个饱和的红色（1 号色）转化成一个粉紫色（4 号色）？

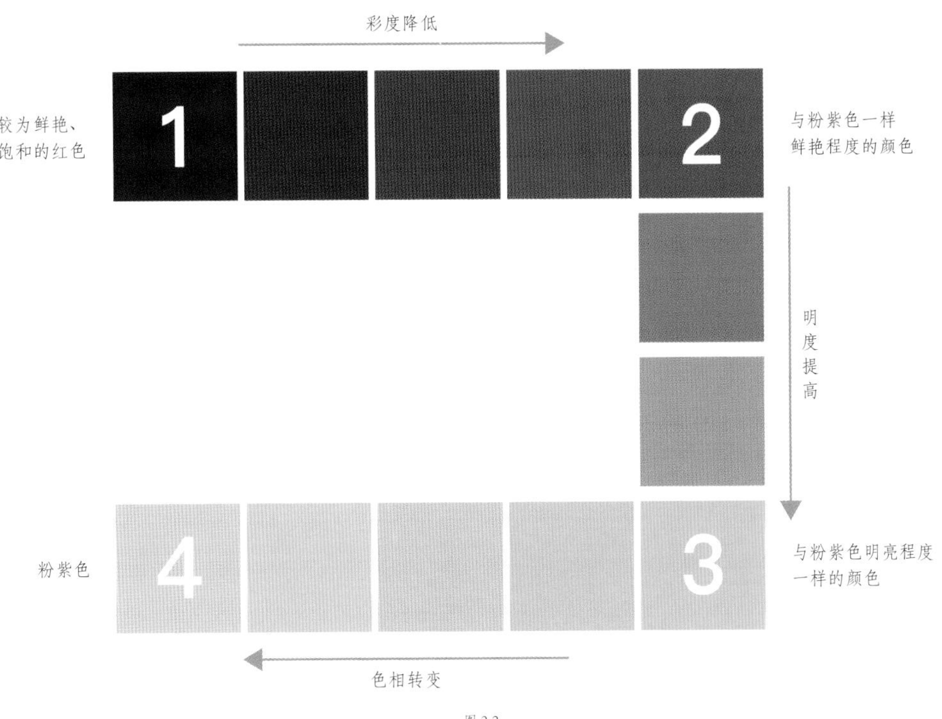

图 2-2

步骤一：1 号色的鲜艳程度较高，因此可以把 1 号色的彩度降低，一直降到与 4 号色相同的彩度（如图 2-2 中 1 号色至 2 号色的转变过程）。

步骤二：2 号色比 4 号色粉紫色颜色更深，所以要把 2 号色转化成与 4 号色一样明亮的颜色（如图 2-2 中 2 号色至 3 号色的转变过程）。

步骤三：3 号色经过明度的变化后，看起来是一个粉粉的橙红色，那么接下来就把 3 号色转变成 4 号色粉紫色。（如图 2-2 中 3 号色至 4 号色的转变过程）。

不同颜色之间之所以可以产生这种变化，是因为每一个可见的颜色，都具备以下三个基本属性：色相、彩度、明度。

将 1 号色演变成 4 号色，从本质上来说就是找出 1 号色与 4 号色的区别，并将之消除。

从视觉角度来说，1 号色与 4 号最显著的区别是鲜艳程度不同，1 号色非常艳丽，而 4 号色则更加浅淡。颜色的鲜艳程度称为彩度，彩度越高的颜色，颜色越鲜艳，彩度越低的颜色，越接近灰色、白色或黑色，当彩度完全消失时，颜色就变成了灰色、白色或黑色。1 号色与 4 号色之间最明显的区别在于彩度不同，因此就有了步骤一，将 1 号色演变至 2 号色，让 2 号色的彩度与 4 号色一致。

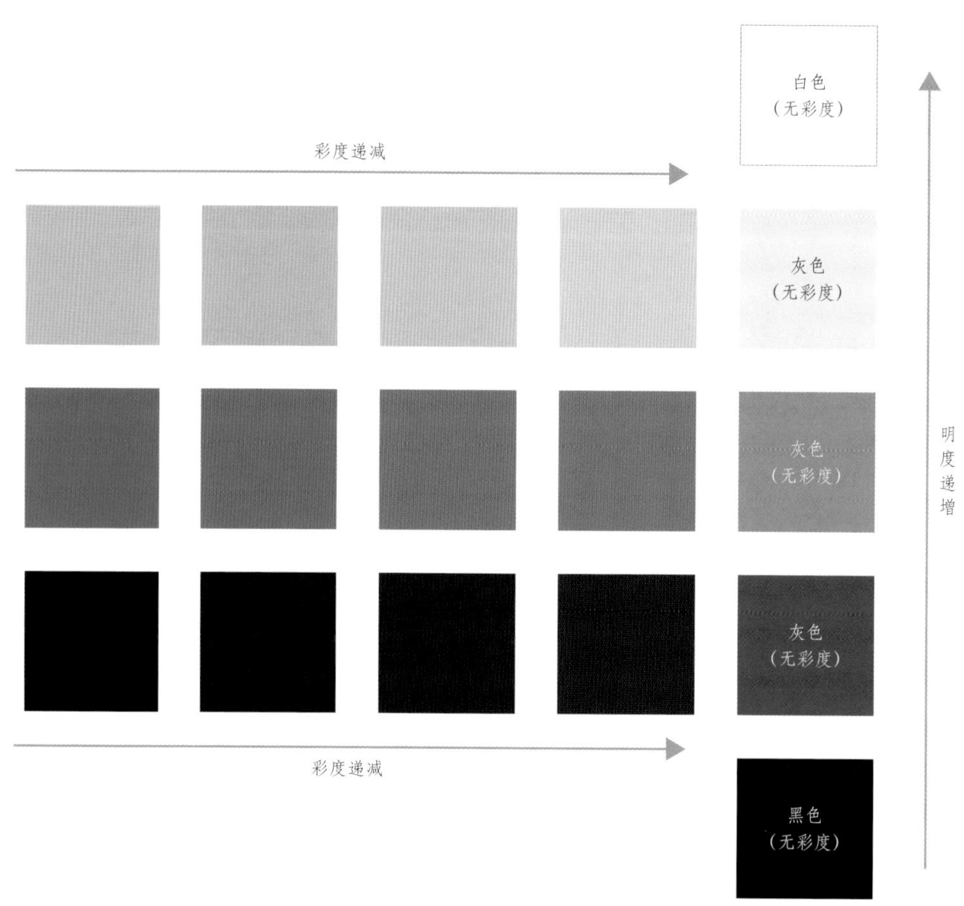

图 2-3

2 号色与 4 号色之间，最明显的区别是 2 号色比 4 号色更深。颜色的深浅程度称为明度，保持 2 号色的彩度，提高 2 号色的明度，演变成与 4 号色深浅相同的 3 号色，这就是步骤二。这时 3 号色与 4 号色最明显的区别就是前者为橙红色，后者为紫色，这样的区别被称为色相区别，从 3 号色到 4 号色的转变就是步骤三。

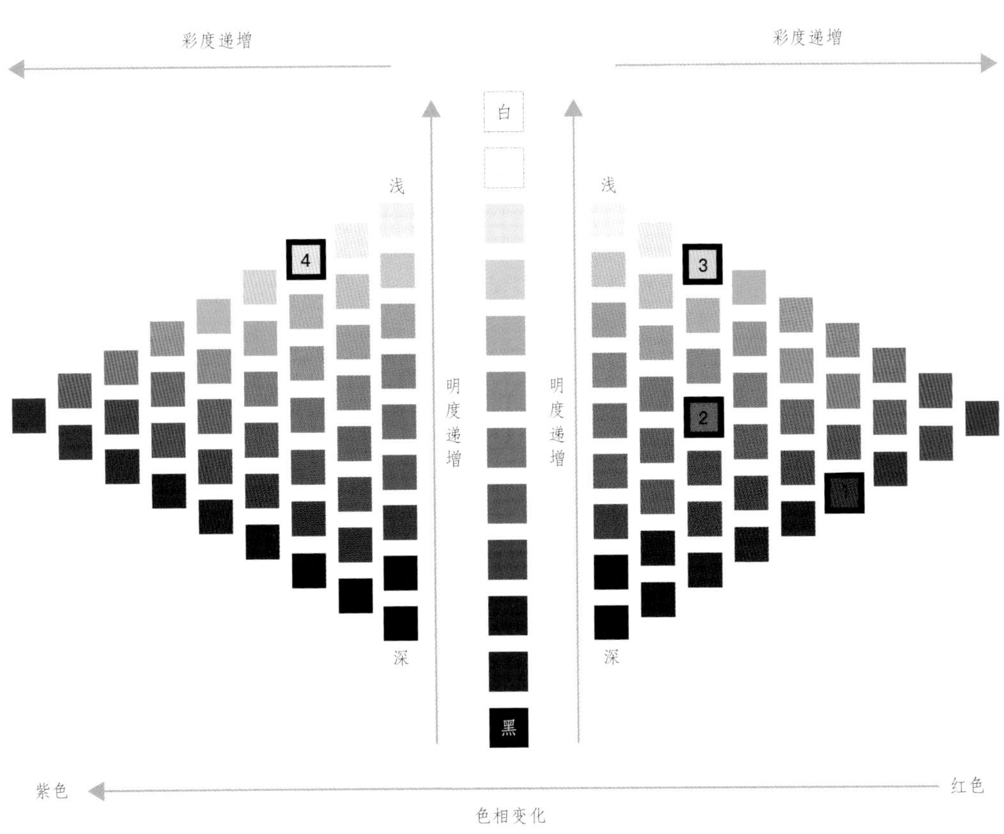

图 2-4

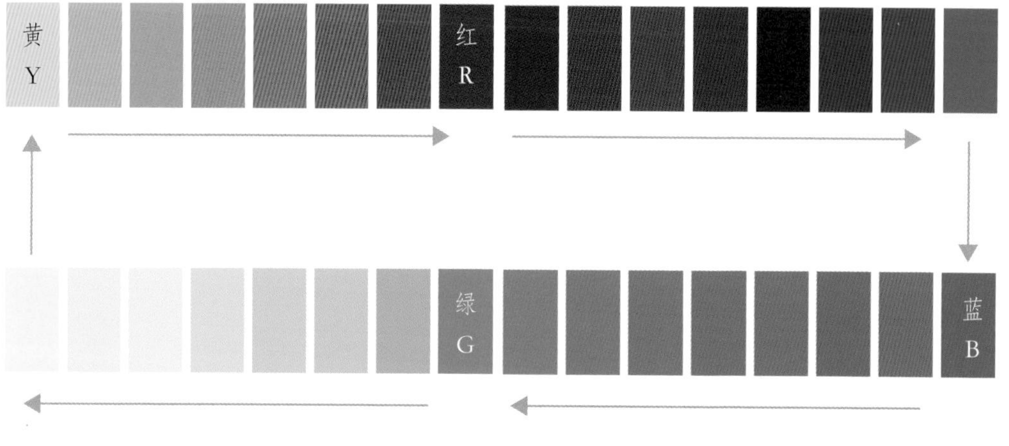

图 2-5

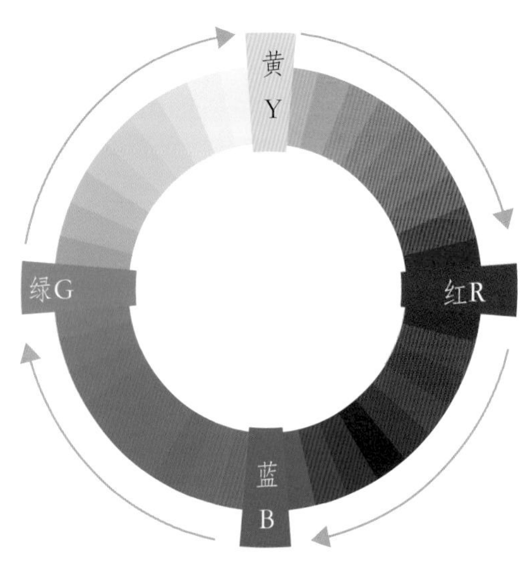

图 2-6

色相即色彩的有彩色外相，是色彩的最大特征，是各种色彩的相貌称谓，就是颜色偏红还是偏黄，偏蓝还是偏绿。人们常说的彩虹中的七色，就是七个不同色相的颜色。

从人类视觉角度出发，纯粹的黄色与红色、黄色与绿色之间，都可以产生相似性变化的过程，也就是说黄色与红色逐渐接近，最终可转化为全红色；黄色与绿色逐渐接近，最终可转化为全绿色。红色与蓝色、蓝色与绿色之间也会产生同样的相似性变化（图2-5、图2-6）。

在红与蓝、蓝与绿、绿与黄、黄与红，这四组纯粹色之间的过渡色都兼具两种纯粹色的色相特点。例如，橙色就是一种既黄又红的颜色，紫色则是一种既红又蓝的颜色。

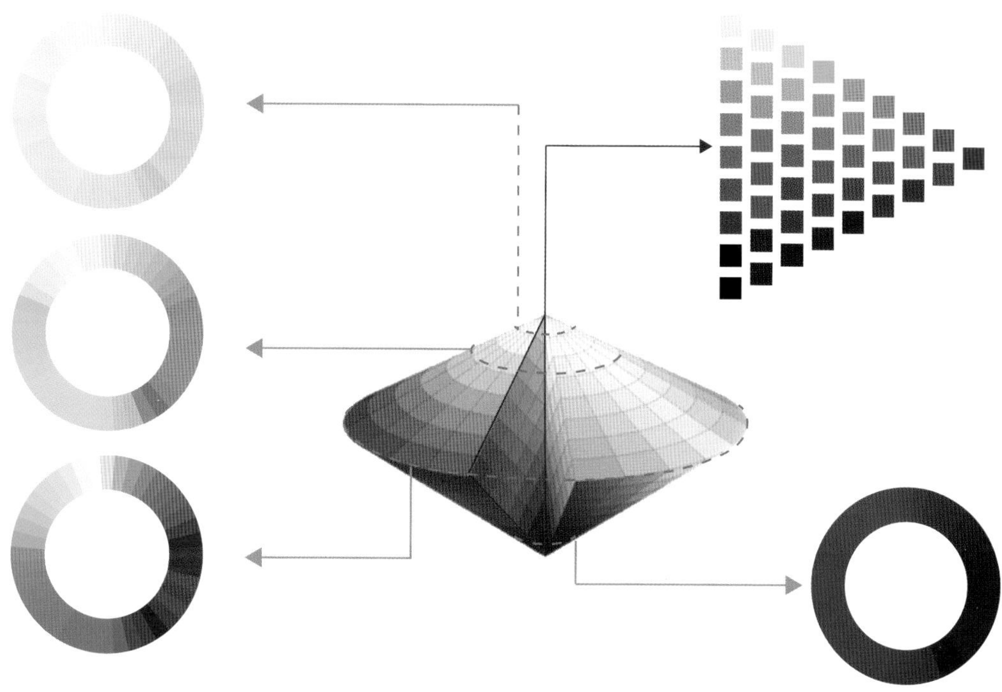

图 2-7

同一种色相的颜色，可以按照明度变化、彩度变化，有序地排列形成三角平面。能看到多少种色相，就能排列出多少种这样的三角平面，若所有这些三角平面围绕从黑到白的中心轴，就可以看到如图 2-7 所示的三维锥体。这个三维锥体被称为色彩空间，从这个色彩空间中我们可以看到，每一个横截面都可以形成一个色相环，而每一个竖向的剖面，都可以形成一个色彩三角，所以并不是只有纯彩色之间才能组成色相环。

在色相环中我们会发现，组成色相环的颜色并不是随意的，并非任意几个不同色相的颜色都能组成一个色相环。如图 2–8 所示，G1 的九个颜色显然无法组成一个色相环，尽管九个颜色的色相都不相同。如何将其演绎成一个过渡自然的色相环呢？首先，我们需要确立一个色相环的标准色，在这里我们将中间的紫色作为演绎标准，并将其命名为 0 号色。

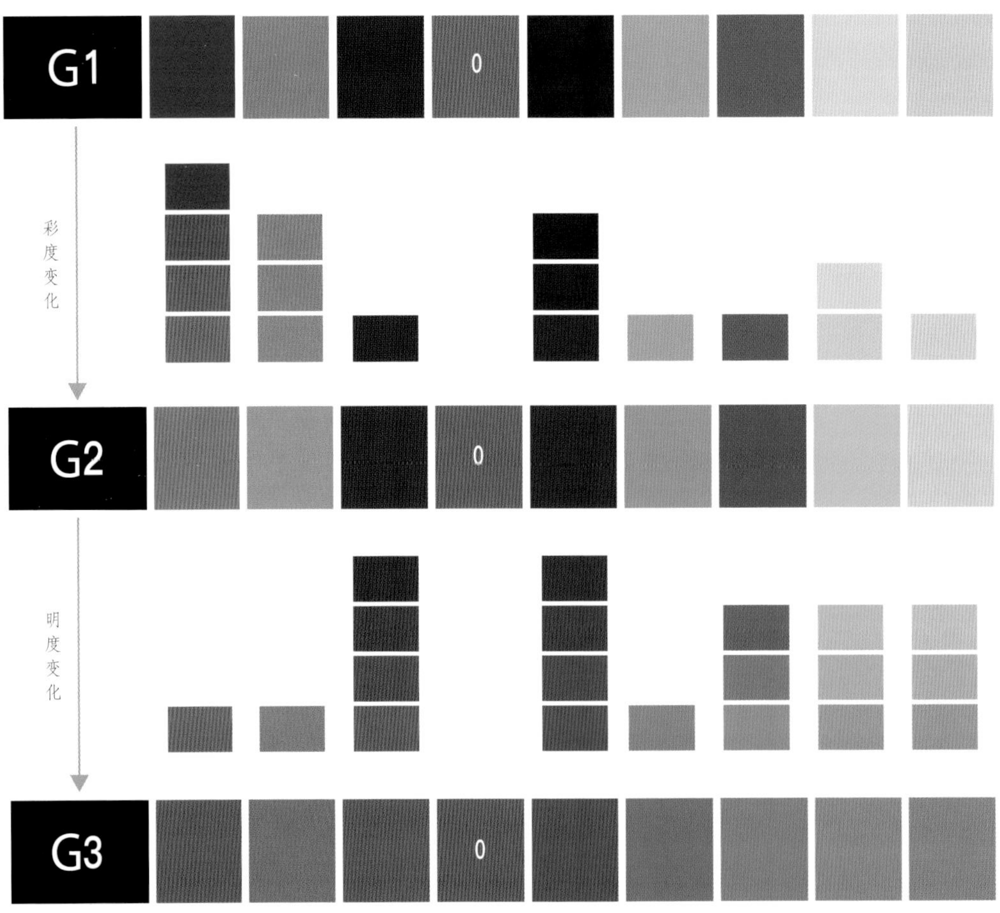

图 2-8

演绎至 G2 时是不是已经感觉自然很多了呢？从 G1 至 G2，除了 0 号色以外，所有颜色的彩度都做了变化，G2 的所有颜色，彩度都与 0 号色一致。随后，继续以 0 号色的明度为标准，将 G2 中除 0 号色以外的所有颜色明度调整至与 0 号色一致，演变出 G3 这组颜色。G3 的所有颜色除了色相不同之外，彩度和明度都比较接近，此时再按照色相渐变的规律，就能排列出一个过渡自然的色相环。

G3 这组色相环并不是很鲜艳，也不是非常浅白，当然也不深。事实上，G1 中所有的颜色在色彩三角上的位置，从图 2-10 中的左侧的色彩三角演变成了右侧的色彩三角。

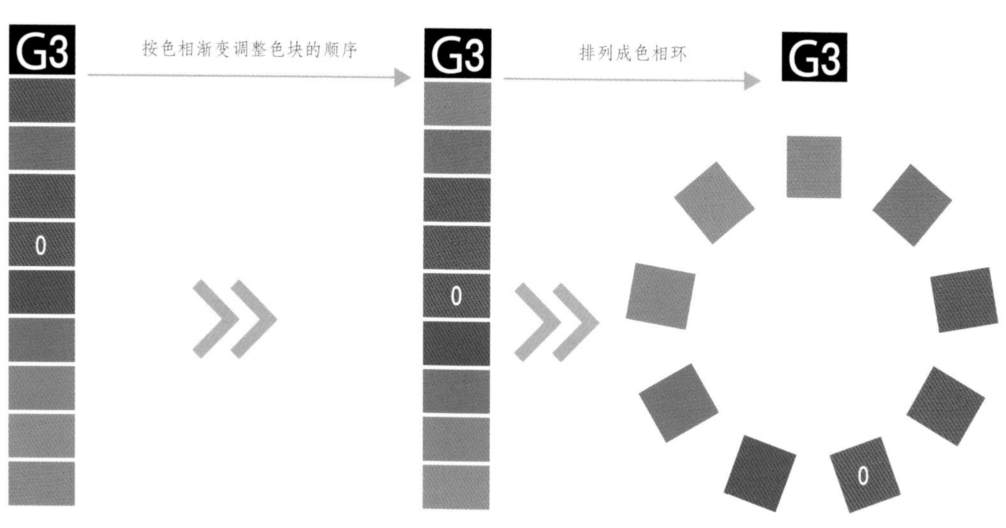

图 2-9

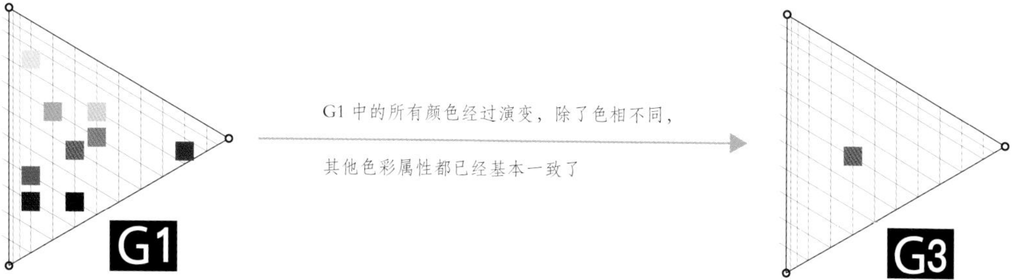

图 2-10

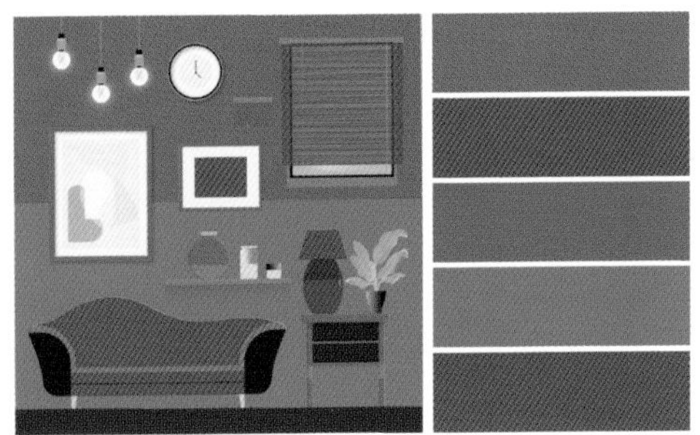

图 2-11

图 2-12

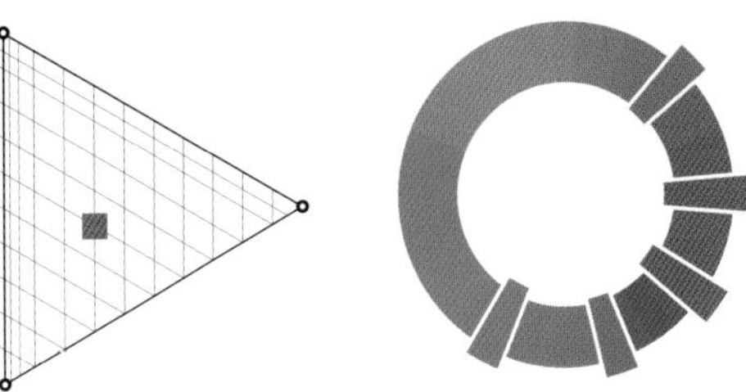

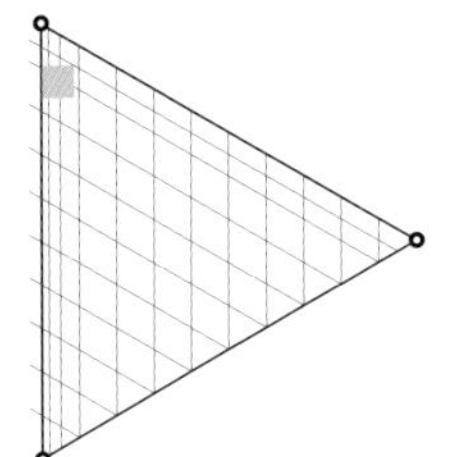

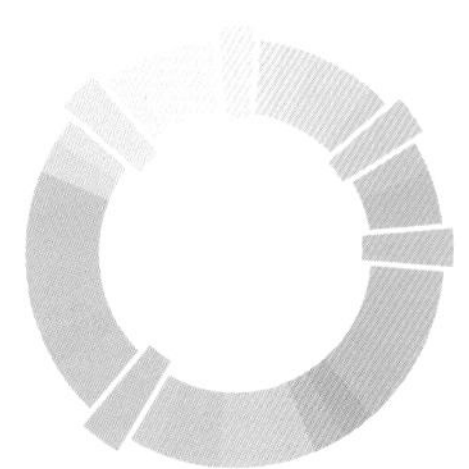

图 2-13

图 2-14

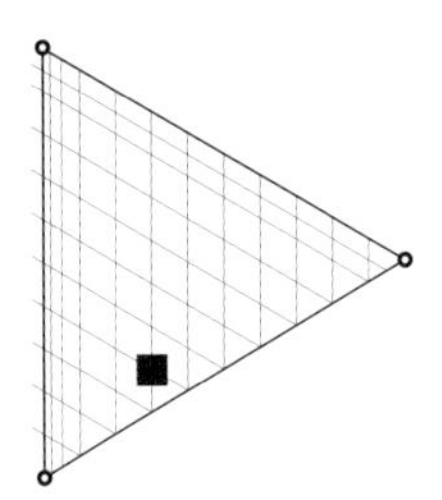

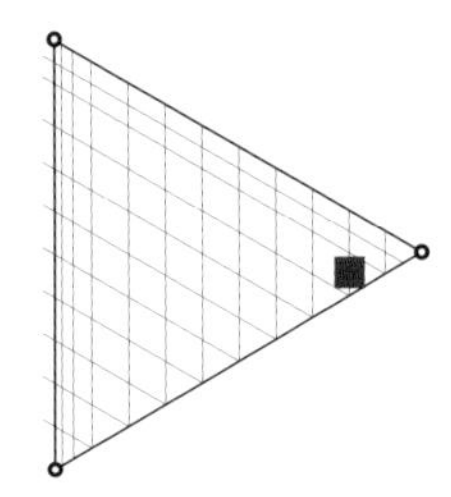

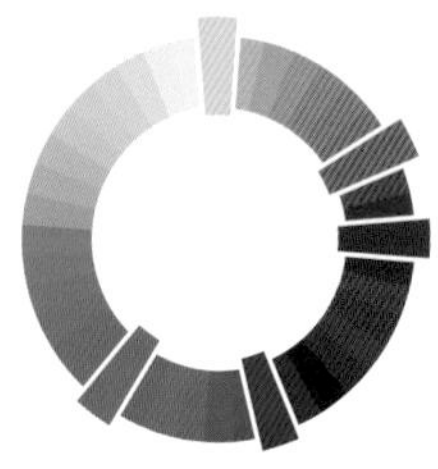

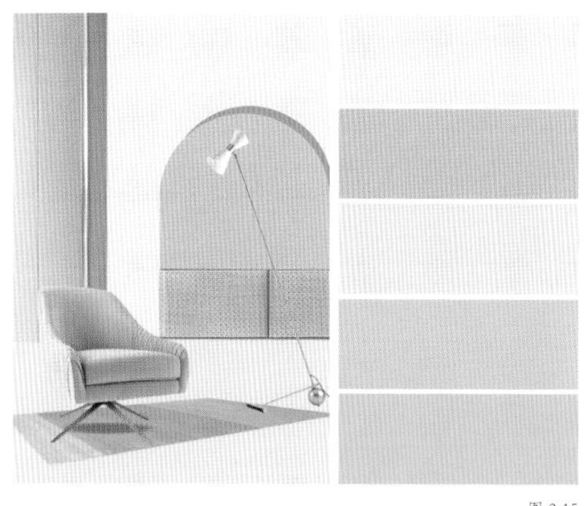
图 2-15

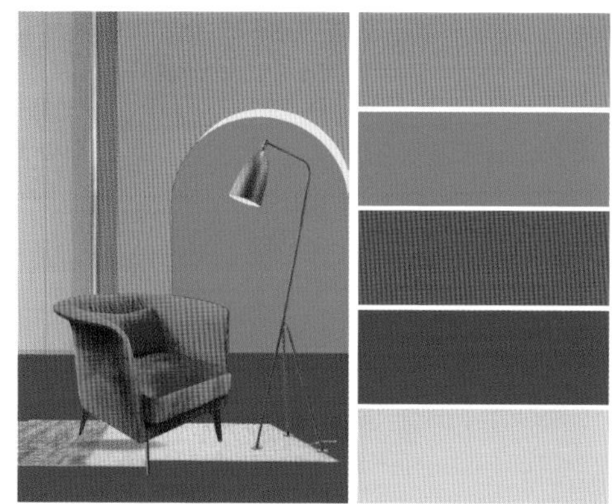
图 2-16

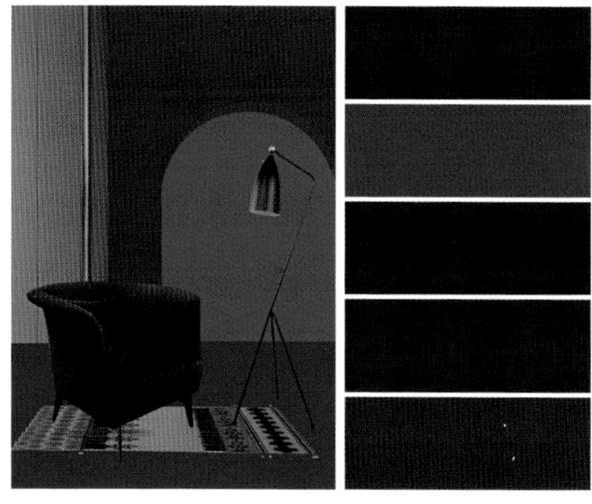
图 2-17

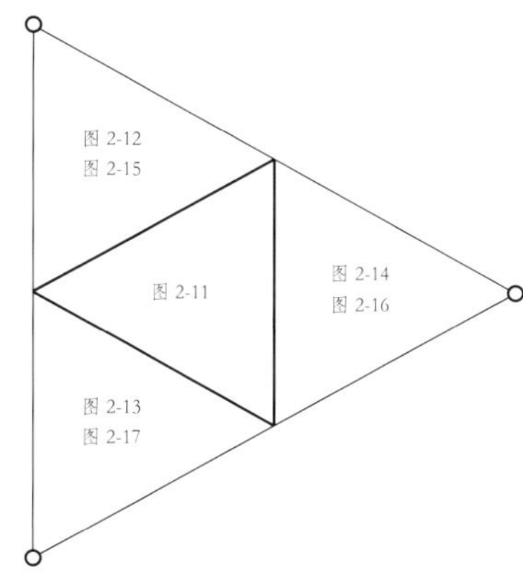

这些处于色彩空间不同区域的色相环，应用于空间中时可以看到明显的不同。这种不同首先是气氛上的不同，其次如果读者对风格的色彩特征有所把握，就会发现这种不同也是风格上的不同。同样的颜色组合可以应用于不同的风格中，例如图 2-12 和图 2-15 的色彩组合，可以作为洛可可风格使用，也可以作为北欧风格使用，图 2-12 的颜色组合在一个充满洛可可风格家具的室内空间，是完全适用的，因为洛可可风格本身的色彩特征便是如此。

	C	M	Y	K	R	G	B
Fashion,Home+interriors (cotton) Pantone 18-3838 TCX	71	73	7	8	95	75	139
PLUS Series Pantone 2096 C	76	75	0	0	101	78	163

图 2-18

图 2-18 潘通公司 2017 年 12 月在其官网发布的 2018 年年度色“紫外光色”，以及“紫外光色”所对应的潘通色号、CMYK、RGB 数值

了解了色彩的基本属性以及由此构成的色彩空间，就可以既保留某种流行色的主要特征元素，又能够按照需求作变化和演绎，以适配所有的方案要求。

2017 年 12 月，潘通公司发布了潘通 (Pantone) 2018 年的年度色 “紫外光色”。正如潘通公司发布这个颜色时的说明一样，这是一个打破常规的颜色，总是与“标新立异”“与众不同”联系在一起。它不若“粉晶色”和“静谧蓝”惹人怜爱，亦不同于“草木绿”容易理解，要把它应用于室内空间中，难度更甚。先不说这个显得如此格格不入的颜色如何融入空间，在偏好方面，这个颜色在不同的人眼里就会产生完全不同的评价。所以，我们就需要在保留这个颜色的流行元素的同时，增强它的适配性。

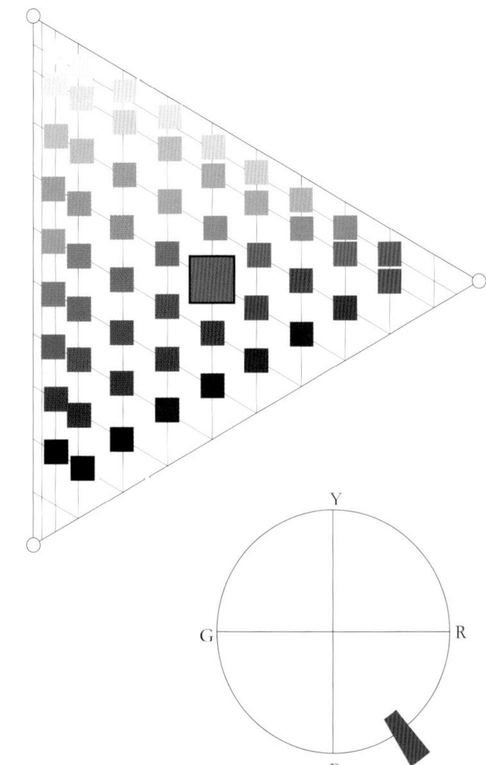

图 2-19

在空间中大面积地使用高彩度的紫外光色，无疑会显得非常刺眼，大多数情况下恐怕都让人难以接受。此时，降低紫外光色的彩度，是最简单直接的方法之一。保持紫外光色的色相，将它演绎成一个紫灰色，马上就会得到不错的效果（图 2–21）。

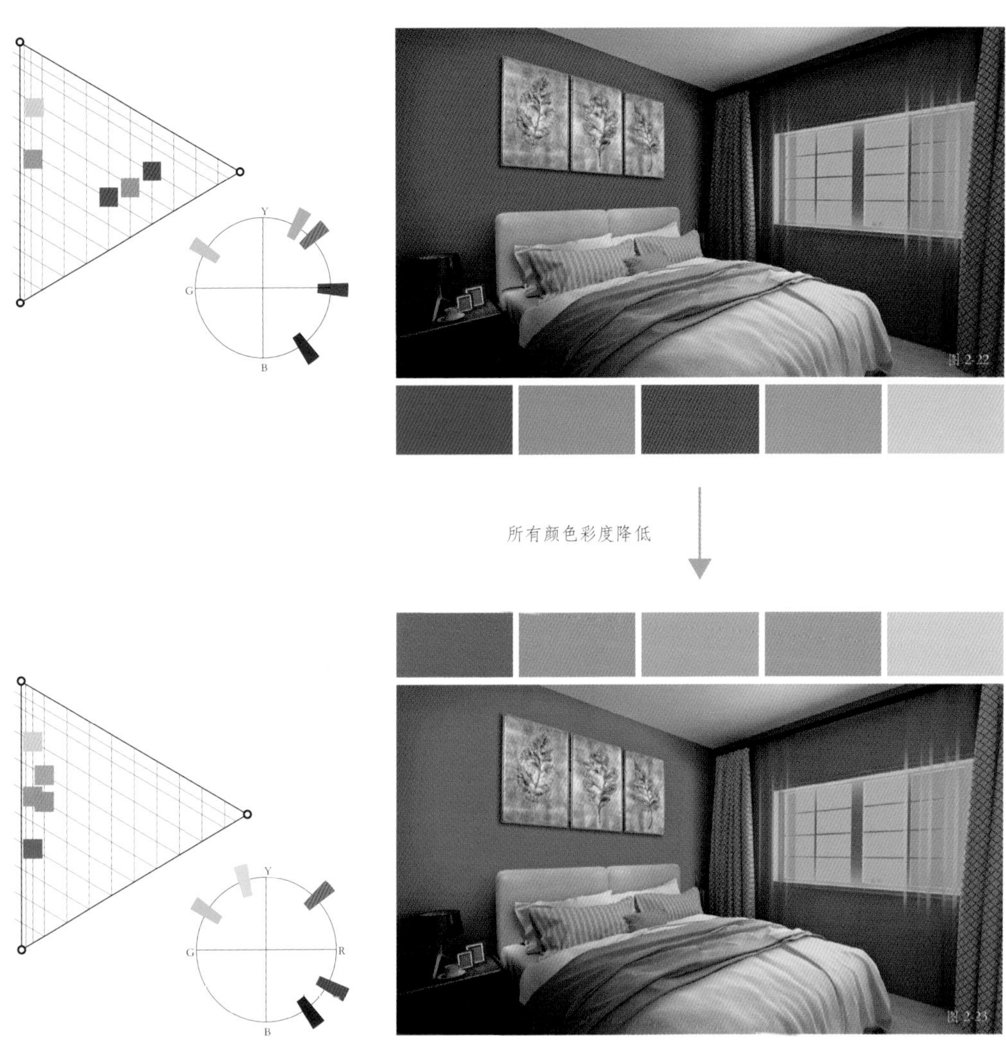

如果想要一个更加和谐统一的效果，可以将低彩度的紫色作为基准，把整个空间的颜色都调整到与低彩度的紫色相似的彩度（图 2-23）。另外，“紫外光色”也可以不做任何演绎变化，只需要将其面积缩小作为点缀色，就能够比较和谐地融入现有的色彩空间。

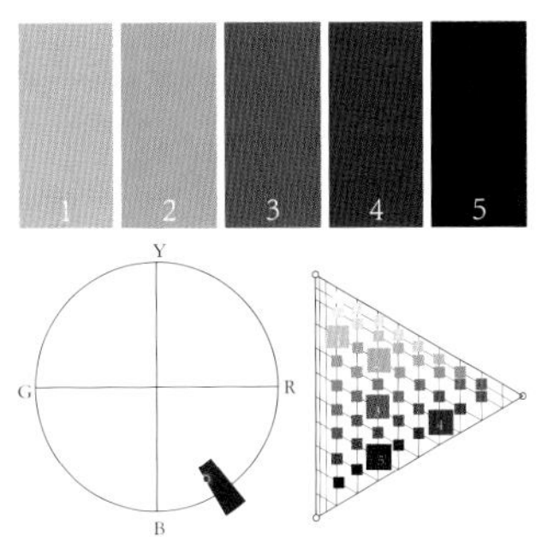

图 2-24

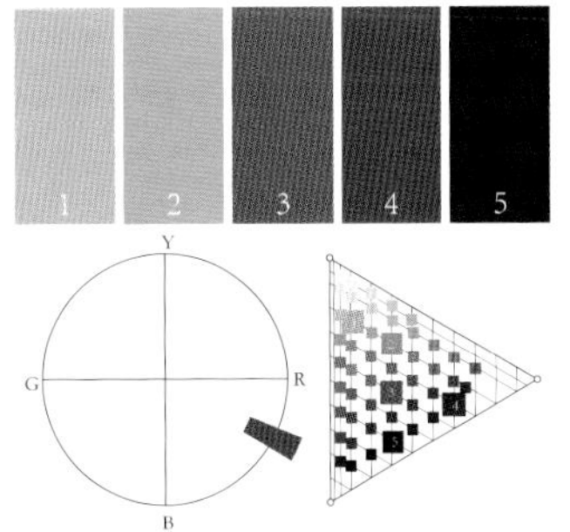

图 2-25

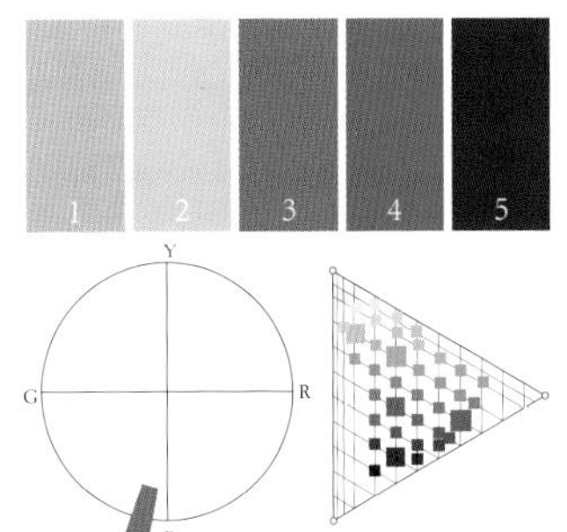

图 2-26

根据色彩的属性特点，在使用紫色时，可以采用同类色搭配的方式。如图 2-24 的这组配色，色相都与“紫外光色”相同，但有的彩度较高，有的彩度较低，有的较深，有的较浅，这些深浅不一、浓淡不同的紫色组成了一个层次分明又色调统一的色板，直接应用于室内空间或图案，都是一个可行的尝试。当然，在实际的运用中，这样的配色可能略显单调，那么将与“紫外光色”色相相近的玫红色相（图 2-25）和蓝色相（图 2-26）也考虑进来，从中挑选合适的颜色做组合即可（图 2-27）。如果想要更多的变化，可以从这些色相的补色入手（图 2-29 ~ 图 2-31）。理论上说，位于色相环两端的任意两种颜色互为补色，如红色与绿色、黄色与蓝色，补色关系是一种色相上的对立关系。如图 2-28 的这组配色便是在色相上既有相似又有对立的一种搭配方式。

图 2-27

图 2-28

宁静（QUIETUDE）

图 2-34

矫饰（DRAMA QUEEN）

图 2-35

矫饰（DRAMA QUEEN）

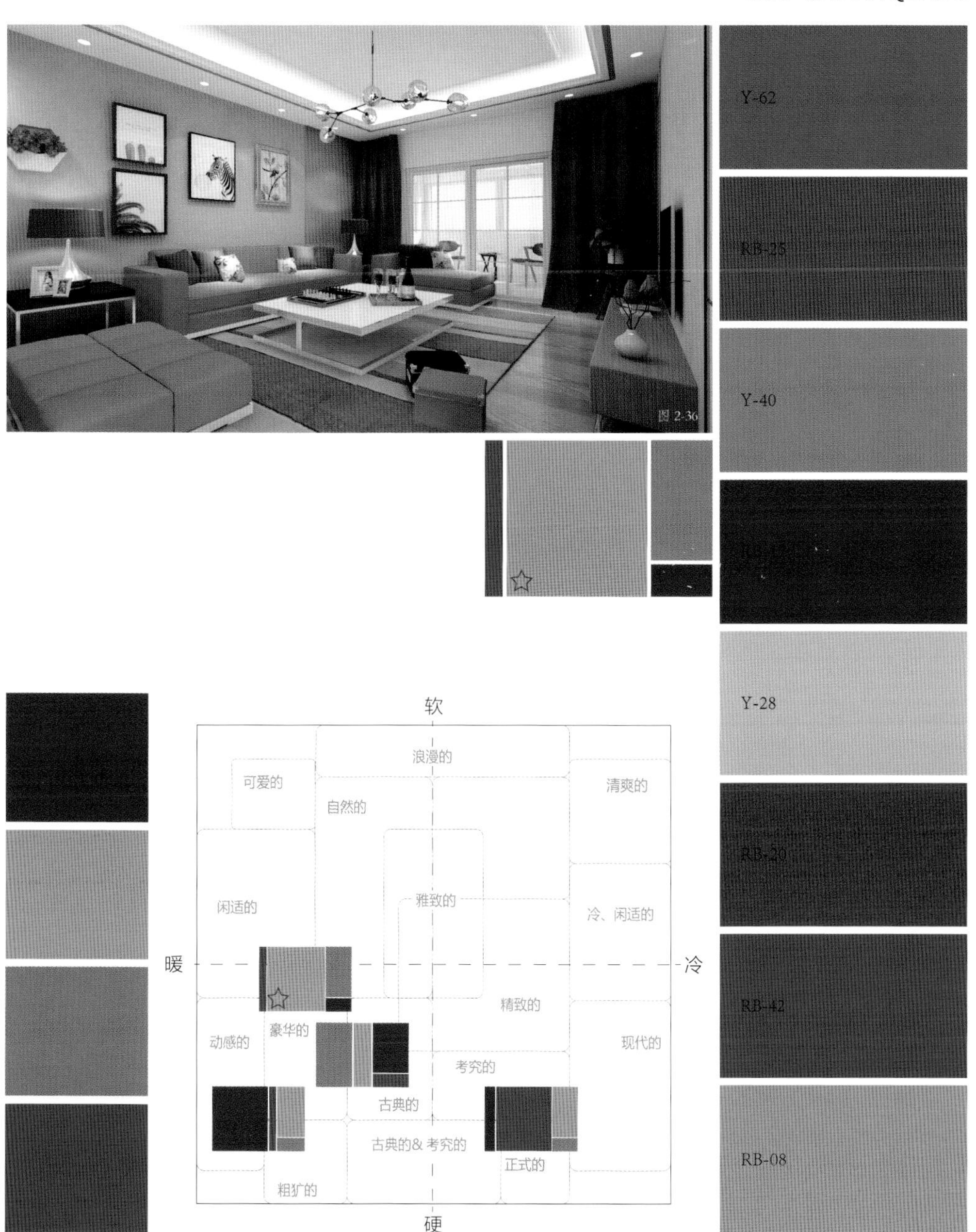

图 2-36

态度（ATTITUDE）

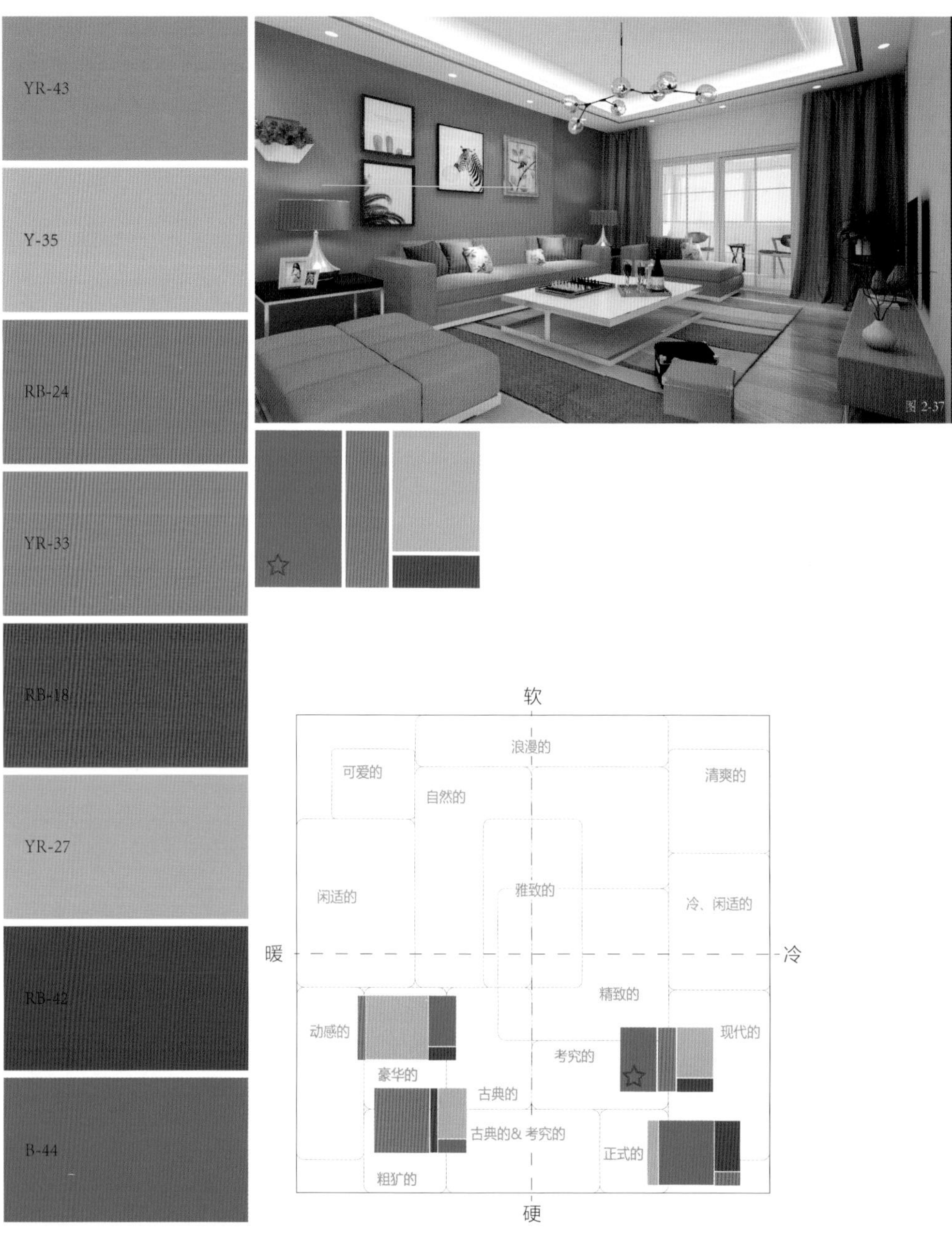

YR-43
Y-35
RB-24
YR-33
RB-18
YR-27
RB-42
B-44
图 2-37
软
浪漫的
可爱的
自然的
清爽的
闲适的
雅致的
冷、闲适的
暖
冷
精致的
动感的
现代的
考究的
豪华的
古典的
古典的& 考究的
正式的
粗犷的
硬

态度（ATTITUDE）

图 2-38

花思（FLORAL FANTASIES）

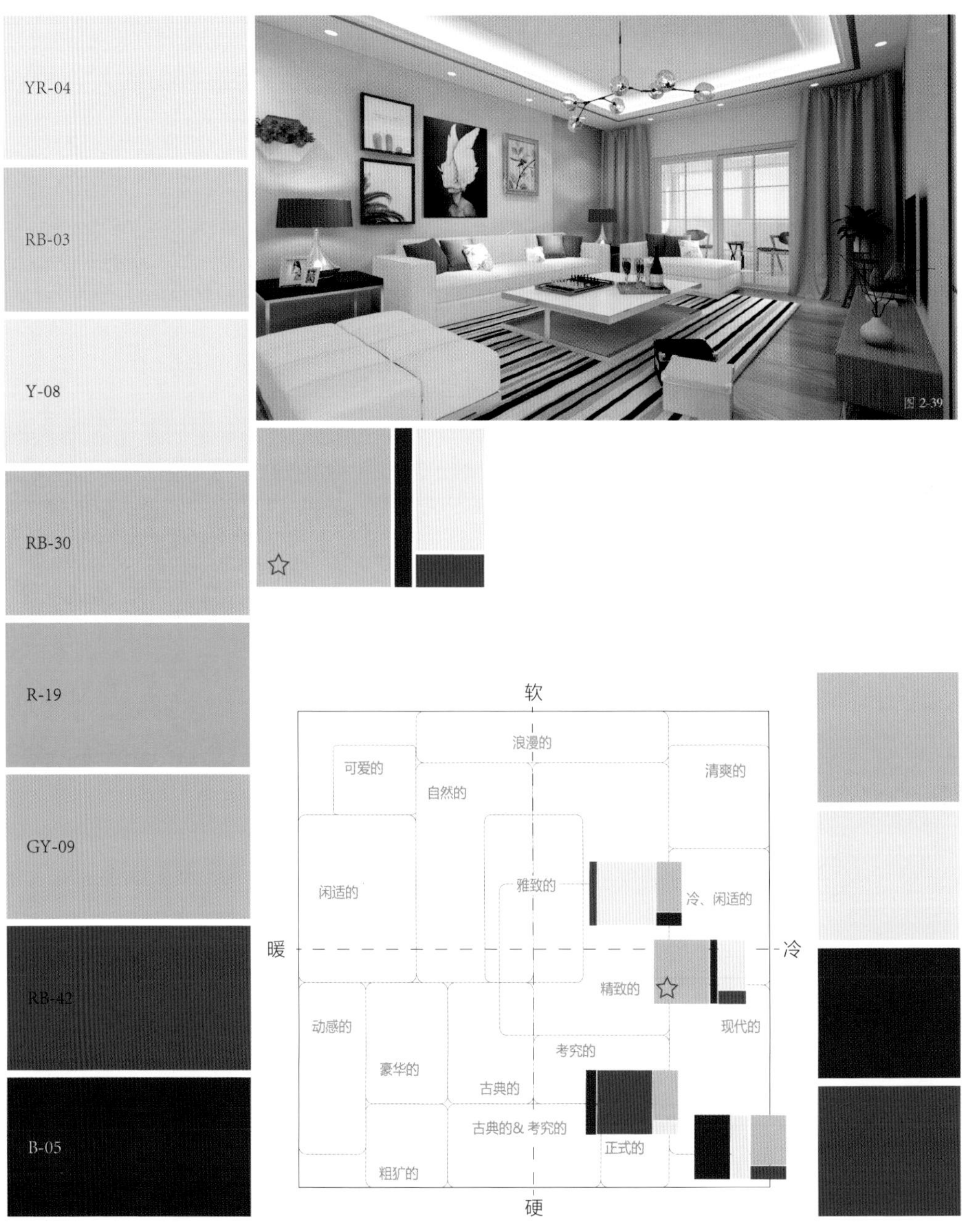

图 2-39

花思（FLORAL FANTASIES）

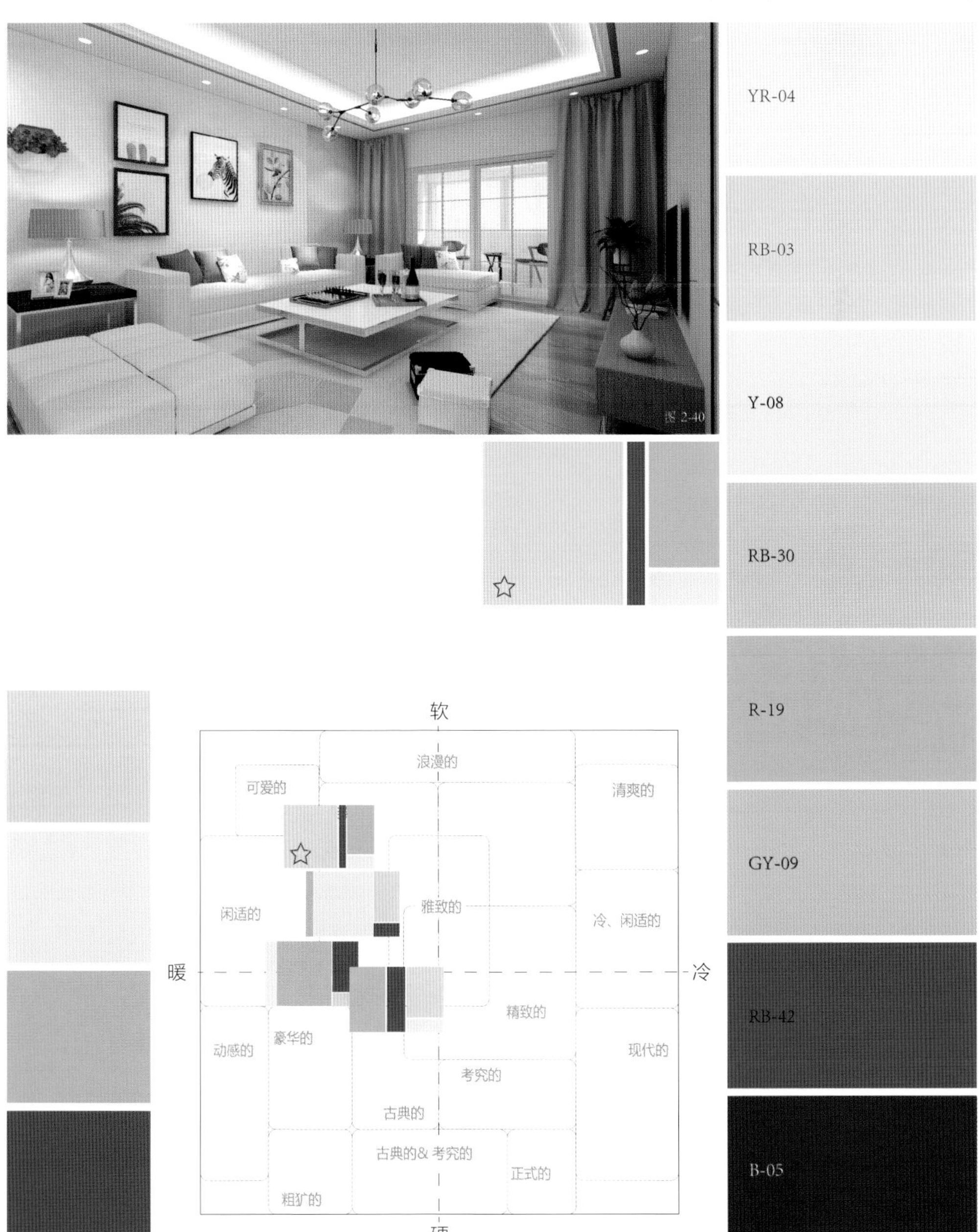

密谋（INTRIGUE）

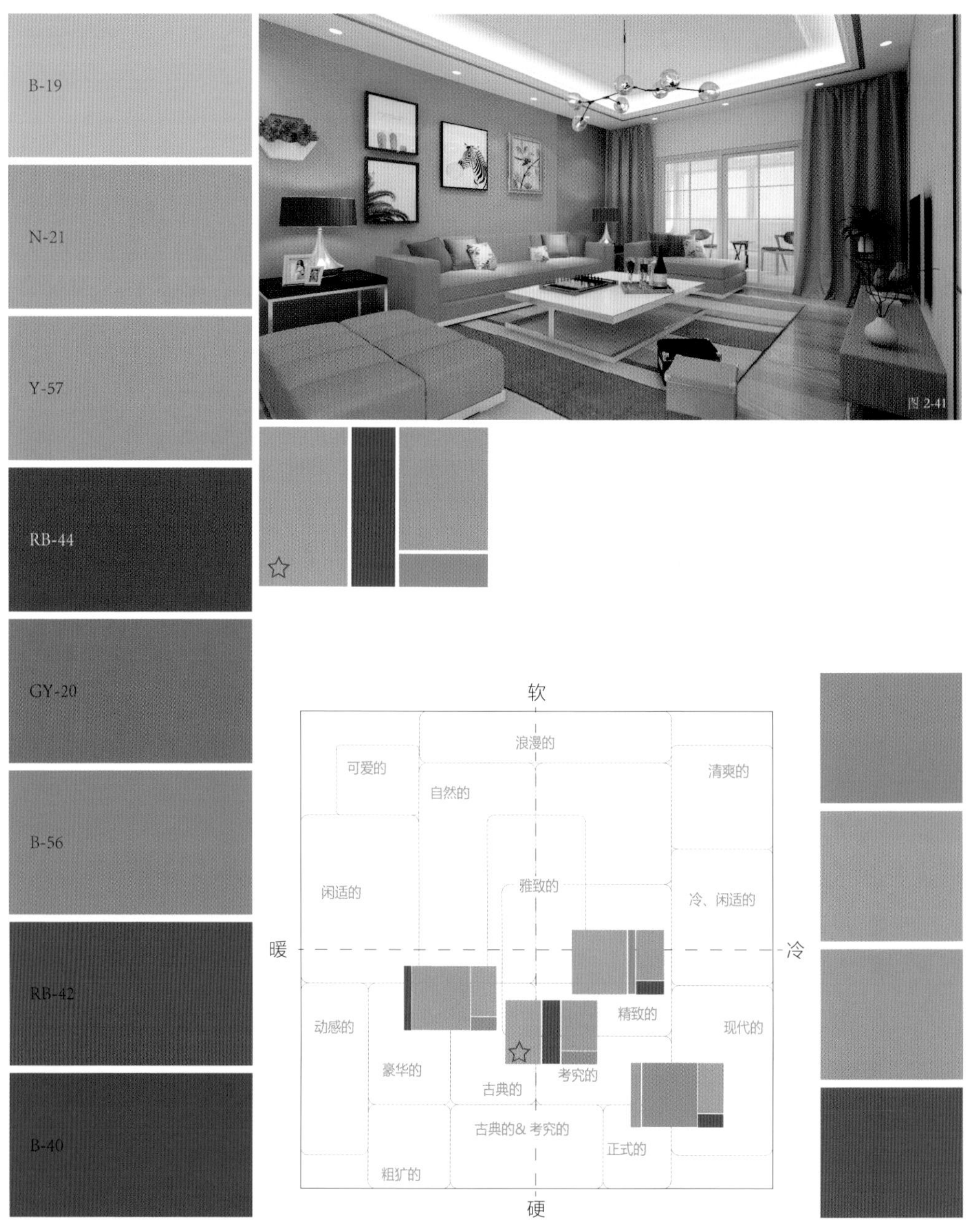

B-19
N-21
Y-57
RB-44
GY-20
B-56
RB-42
B-40
图 2-41
软
浪漫的
可爱的
清爽的
自然的
闲适的
雅致的
冷、闲适的
暖
冷
动感的
精致的
现代的
豪华的
古典的
考究的
古典的& 考究的
正式的
粗犷的
硬

密谋（INTRIGUE）

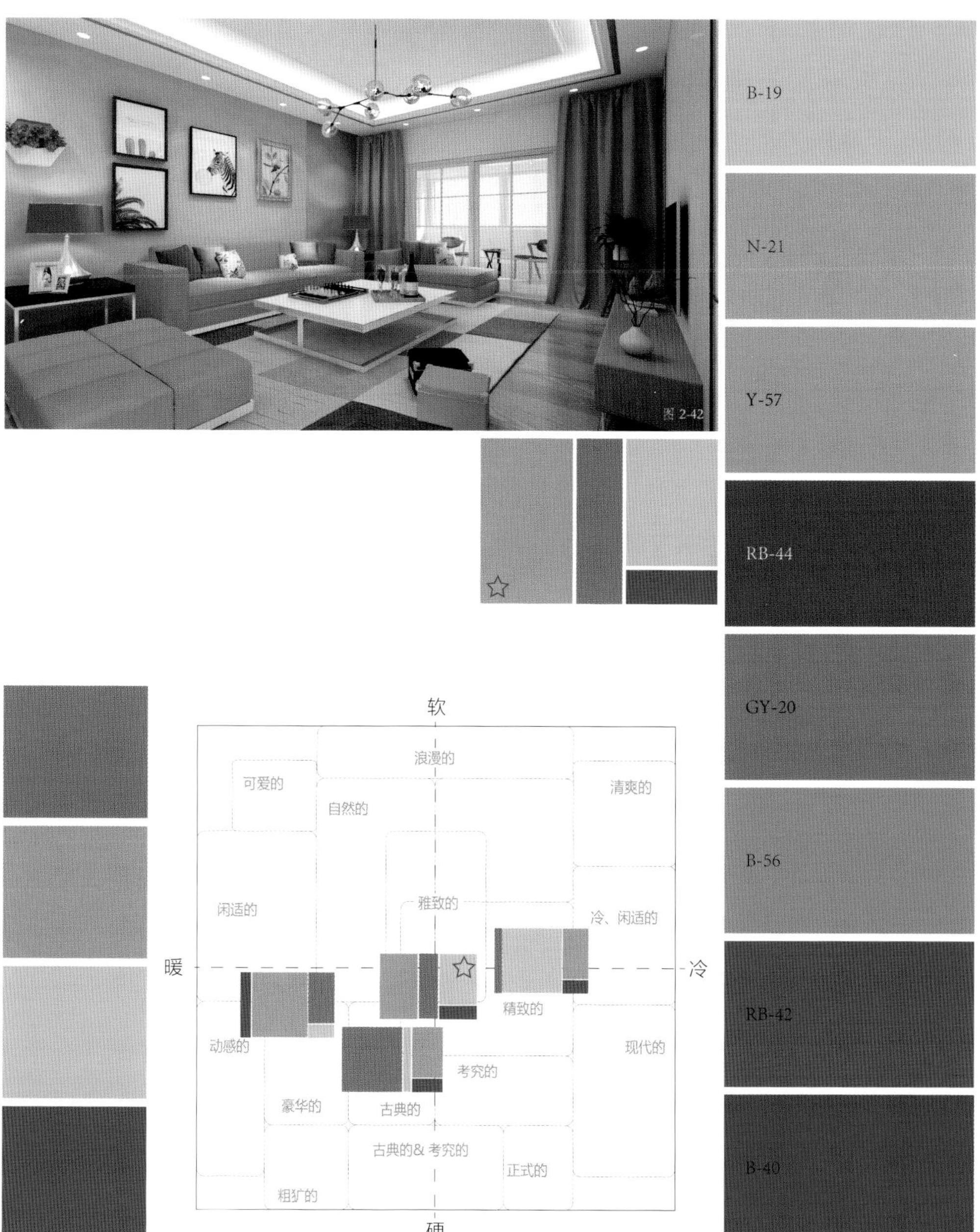

图 2-42

色彩风格演绎法

色彩风格演绎法可以看作色彩属性演绎法和色彩情感演绎法的综合。但是，实施这种演绎法的前提是理解不同风格的色彩情绪特征。

如果在典型的亚当美式风格中加入“紫外光色”，首先要做的就是分析这种风格典型的色彩感受是什么。从典型的亚当风格天花板中（图 2–43）提取主要颜色，并将这些颜色应用到美式风格的家居布置中（图 2–44），会发现色彩组合呈现出闲适、优雅的知性气氛。该组色彩处在十字坐标中间偏右的位置，加入紫色元素，同时保持色彩组合在十字坐标上的位置，那么就需要将“紫外光色”弱化。弱化的手段可以通过降低彩度和增加明度来实现，也就是通过色彩属性演绎法，将“紫外光色”变灰、变浅，

图 2-43

图 2-44

如图 2–45。

顺着这个思路，我们可以做出更丰富的变化，如图 2–46 把窗帘换成与墙面色类似的紫色；又或者像图 2–47，保留墙面的绿色，窗帘、沙发等体量中等的软装元素使用低彩度、紫色相的颜色，靠垫的“紫外光色”作为点缀色，小面积出现。这种演变方式可以灵活地应用于各种风格，如装饰艺术风格的演变（图 2–48~ 图 2–49）、北欧风格的演变（图 2–50~ 图 2–51）、摩登风格的演变（图 2–52~ 图 2–53），等等。

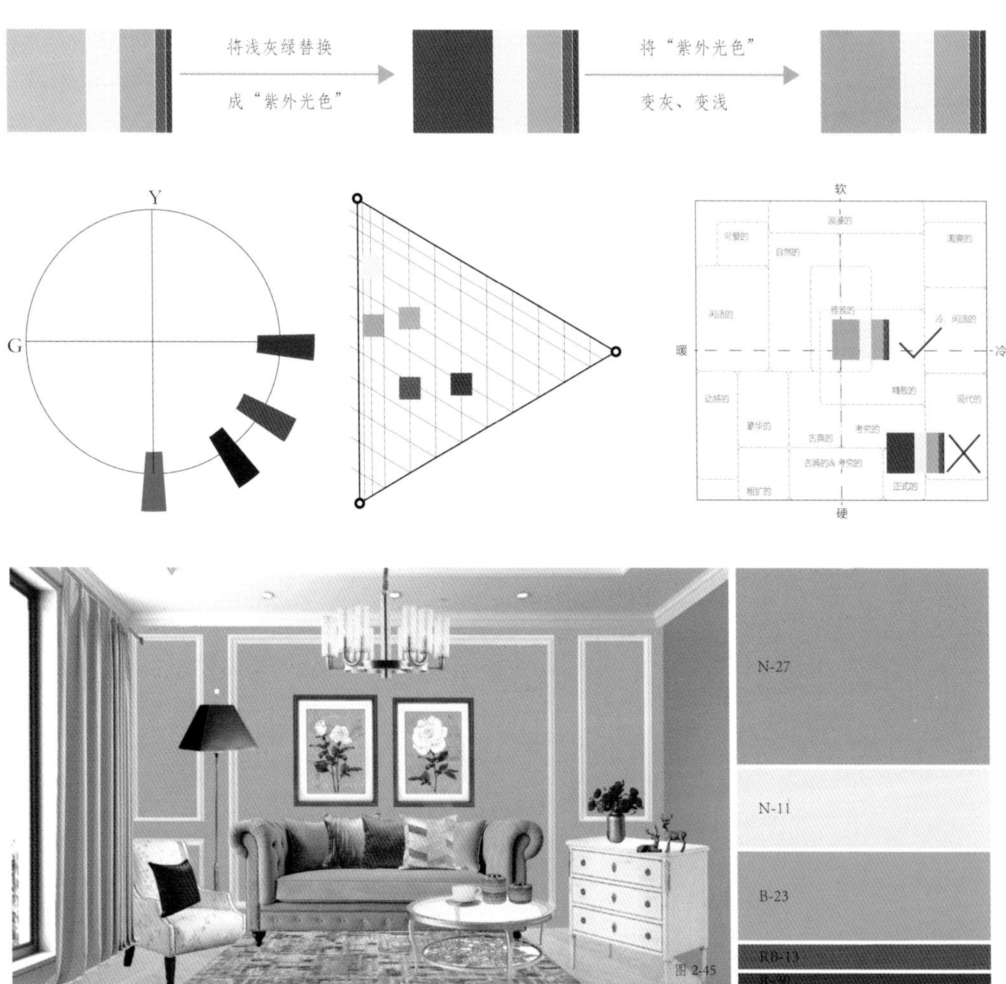

图 2-45

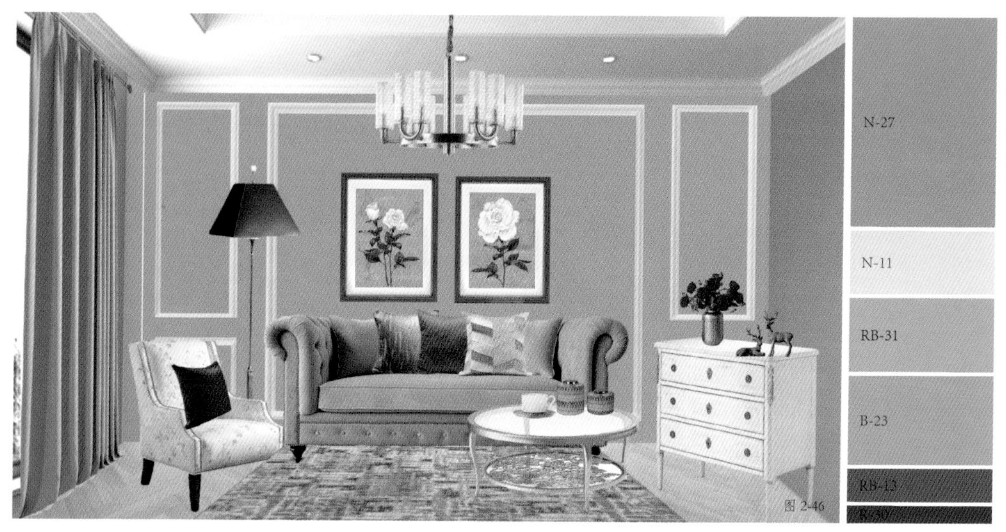

N-27
N-11
RB-31
B-23
RB-13
R-30
图 2-46

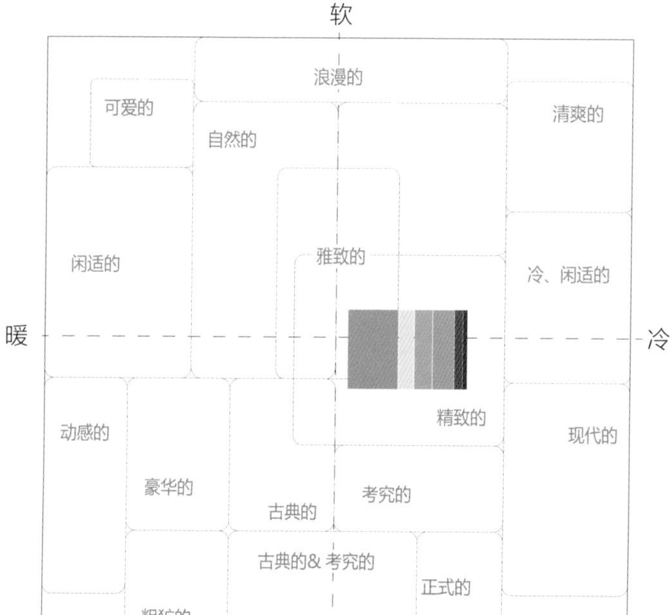
软
浪漫的
可爱的
清爽的
自然的
闲适的
雅致的
冷、闲适的
暖
冷
精致的
动感的
现代的
豪华的
考究的
古典的
古典的& 考究的
正式的
粗犷的
硬

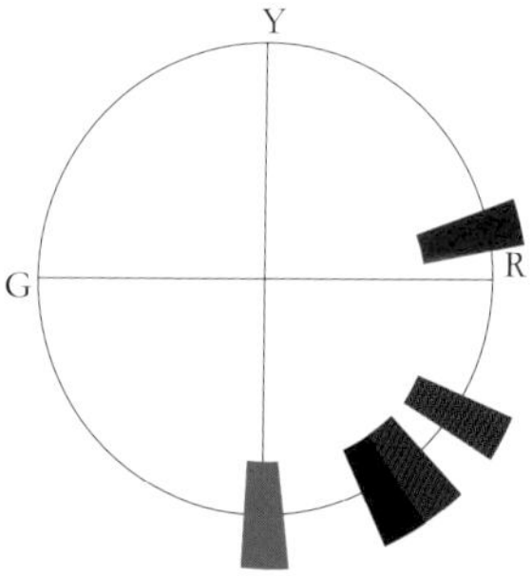
Y
G
R

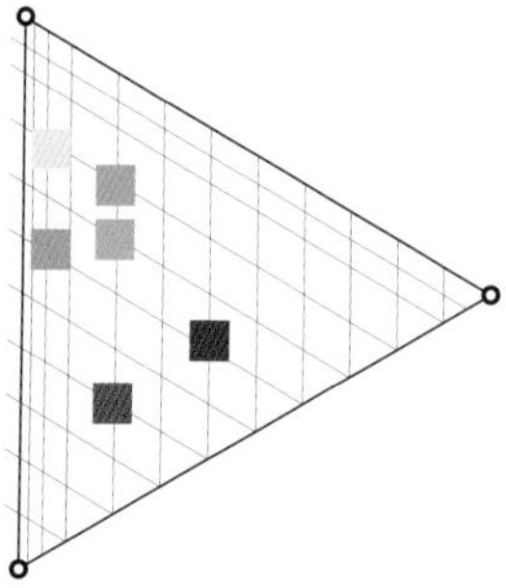

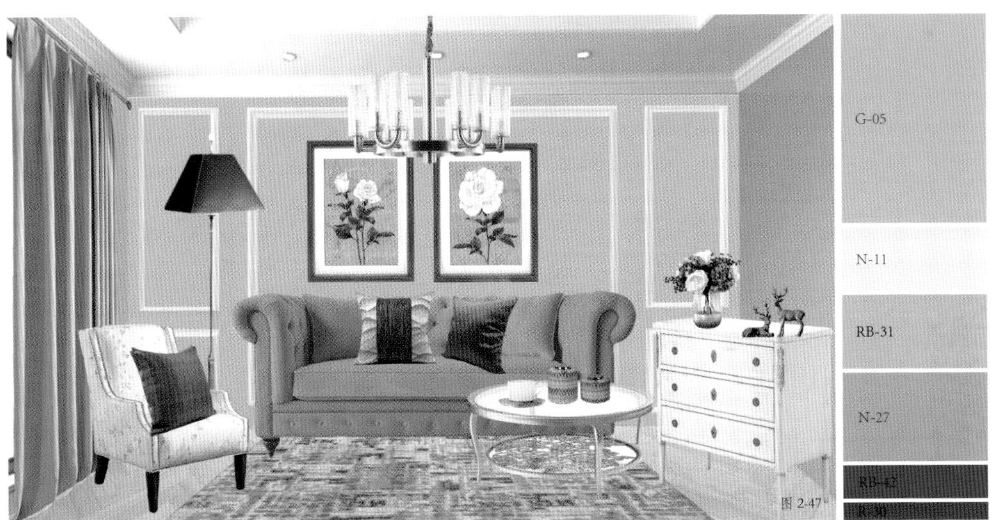

G-05
N-11
RB-31
N-27
RB-42
R-30
图 2-47

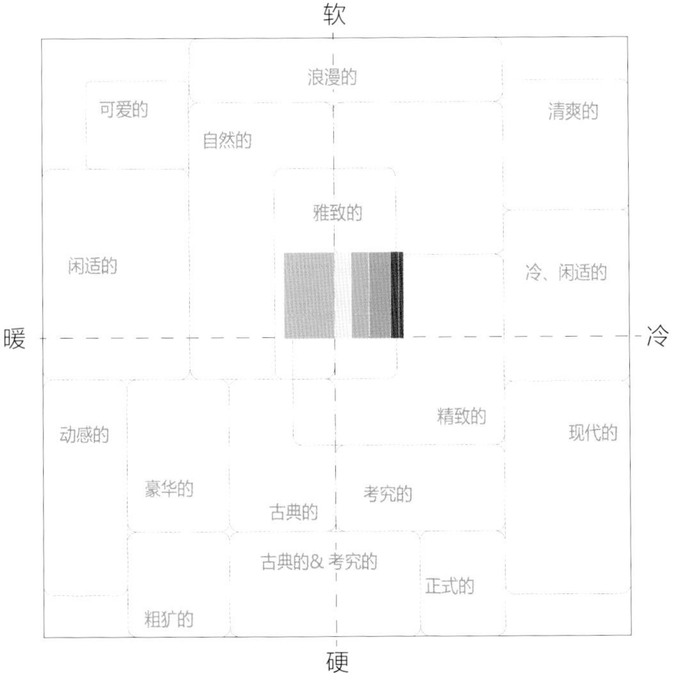
软
硬
暖
冷
浪漫的
可爱的
清爽的
自然的
雅致的
闲适的
冷、闲适的
动感的
精致的
现代的
豪华的
考究的
古典的
古典的& 考究的
正式的
粗犷的

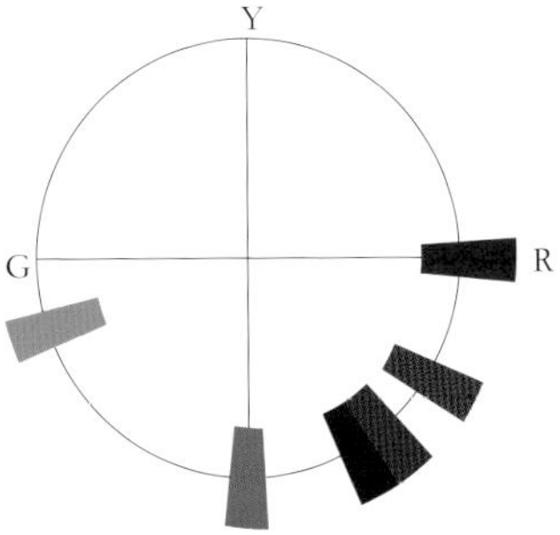
Y
G
R

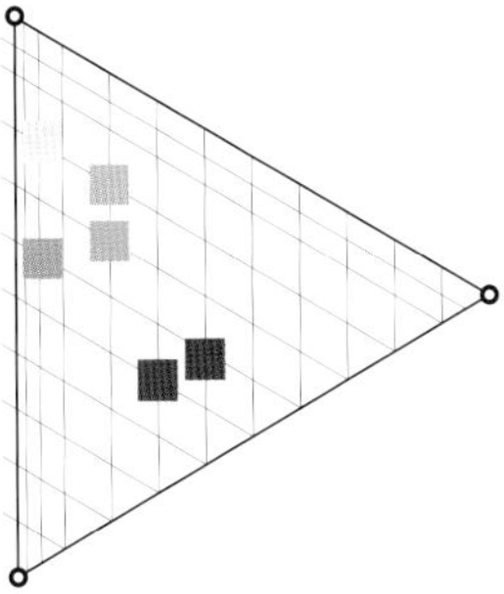

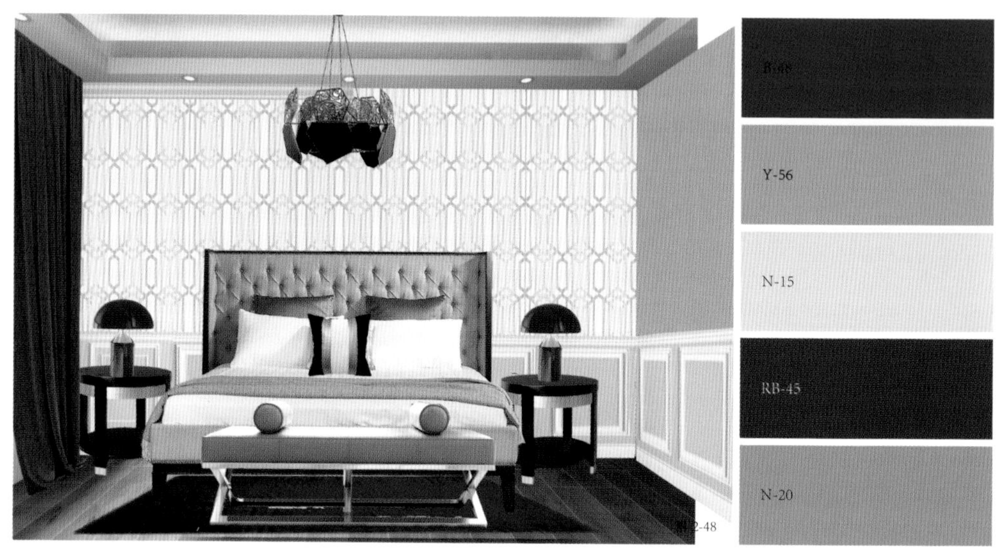

B-48
Y-56
N-15
RB-45
N-20
图2-48

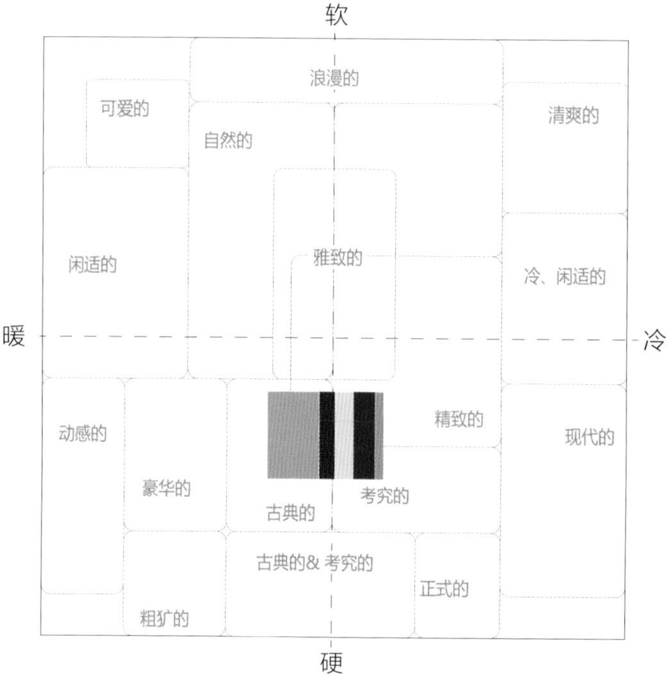
软
浪漫的
可爱的
自然的
清爽的
闲适的
雅致的
冷、闲适的
暖
冷
动感的
精致的
现代的
豪华的
古典的
考究的
古典的& 考究的
正式的
粗犷的
硬

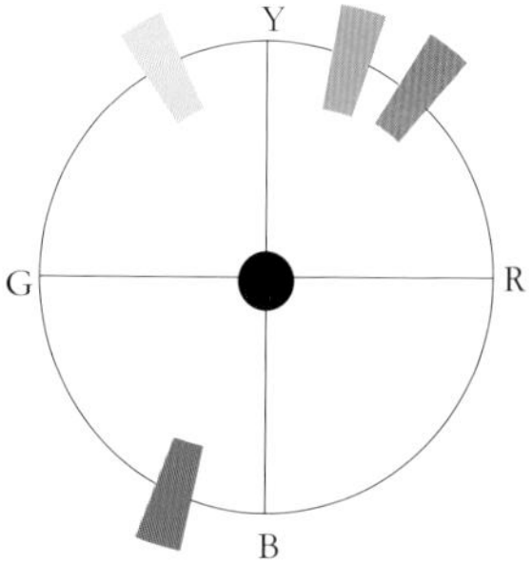
Y
G
R
B

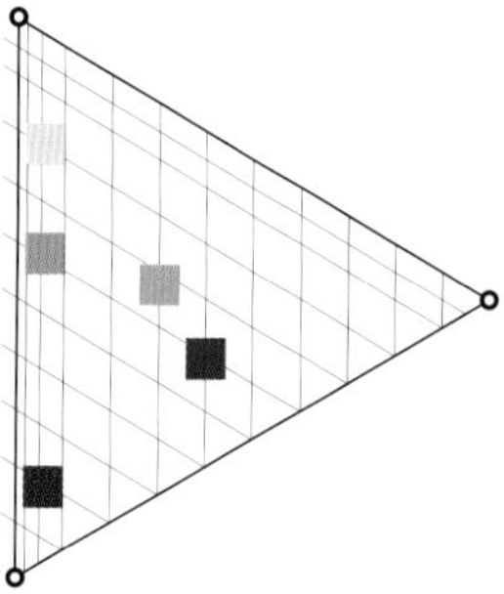

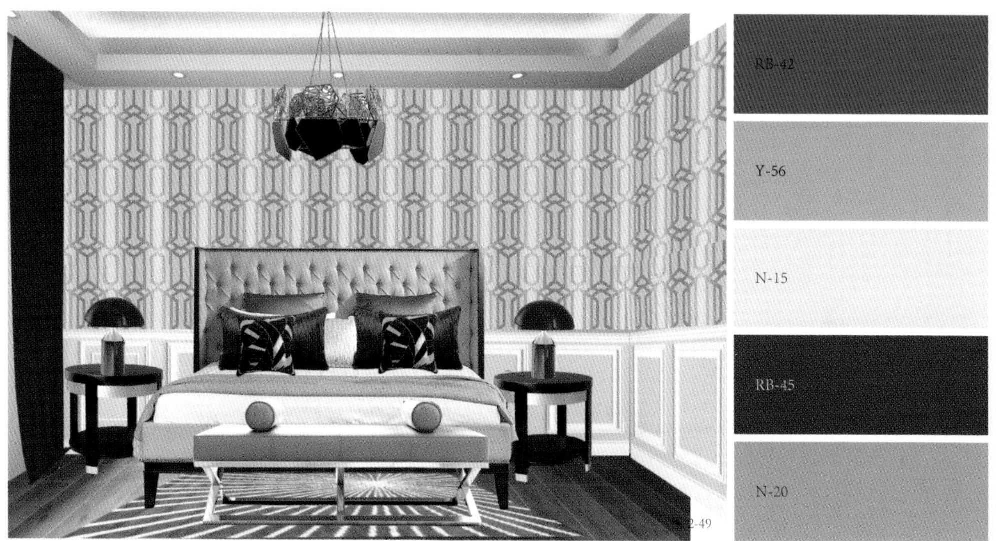

2-49

RB-42
Y-56
N-15
RB-45
N-20

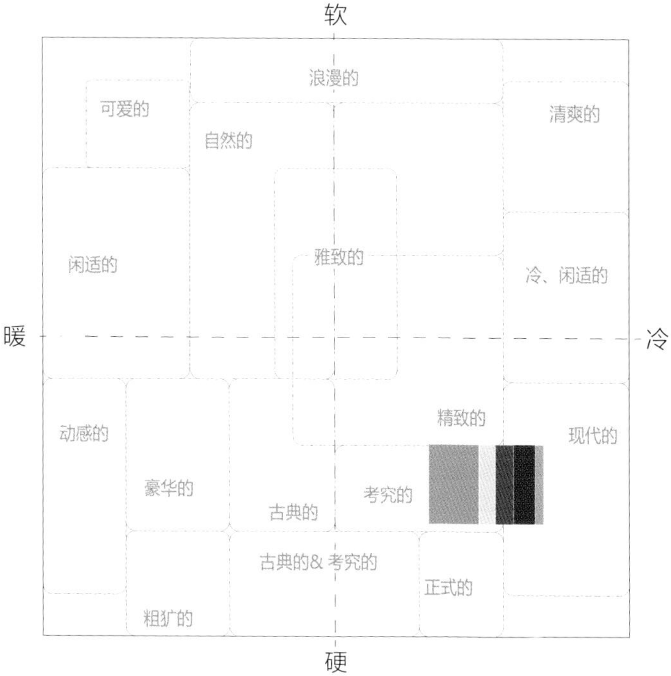

软
硬
暖
冷
浪漫的
可爱的
清爽的
自然的
闲适的
雅致的
冷、闲适的
动感的
精致的
现代的
豪华的
考究的
古典的
古典的&考究的
正式的
粗犷的

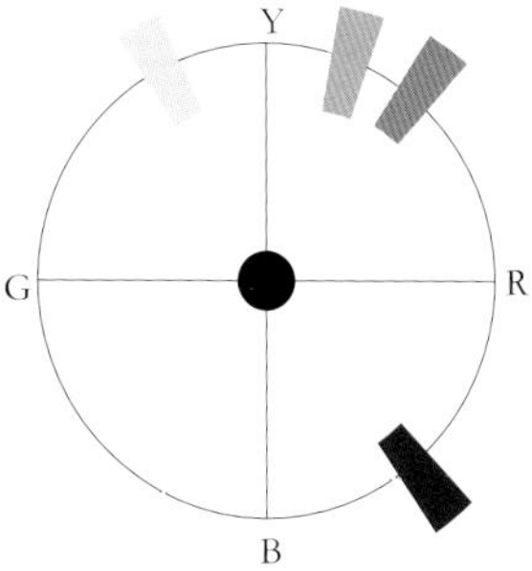

Y
G
R
B

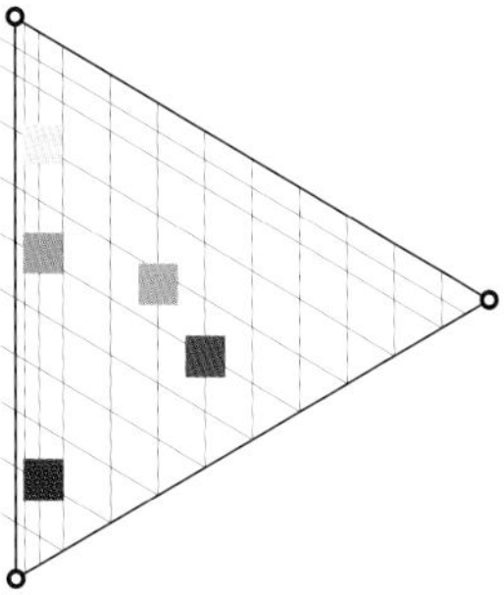

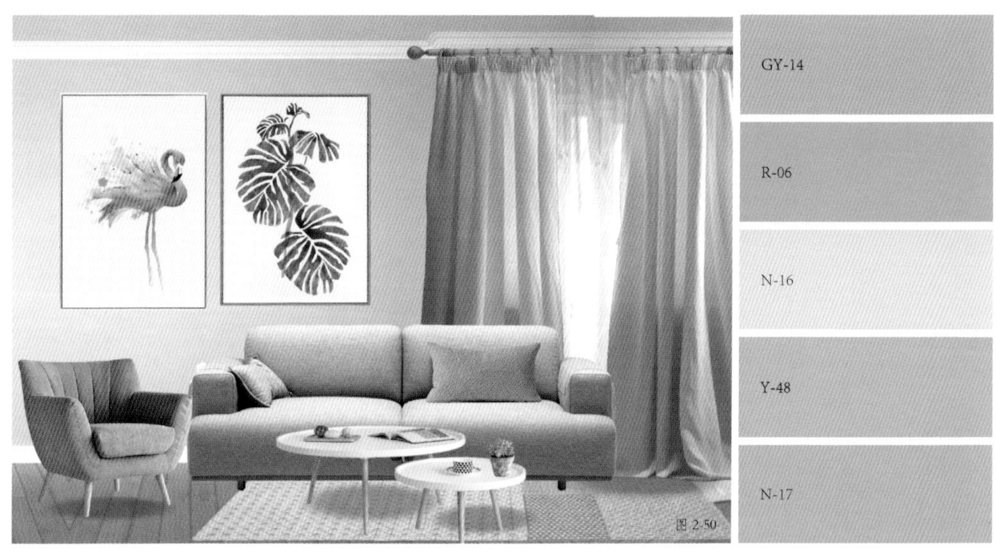

GY-14
R-06
N-16
Y-48
N-17

图 2-50

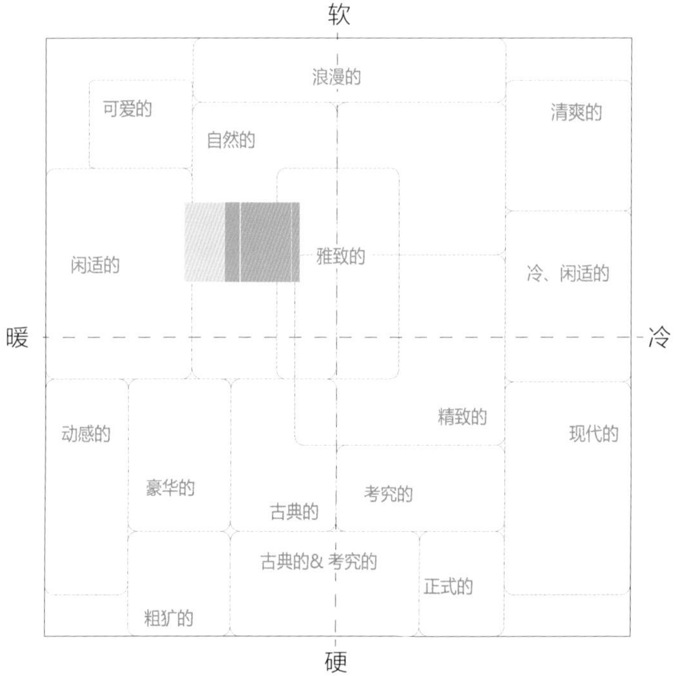
软
浪漫的
可爱的
清爽的
自然的
闲适的
雅致的
冷、闲适的
暖
冷
动感的
精致的
现代的
豪华的
古典的
考究的
古典的& 考究的
正式的
粗犷的
硬

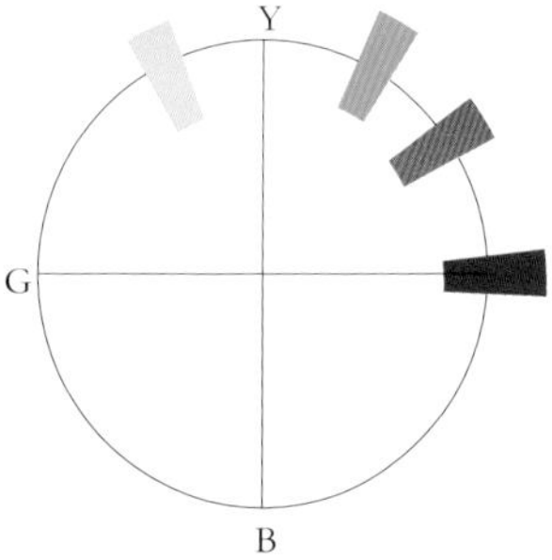
Y
G
B

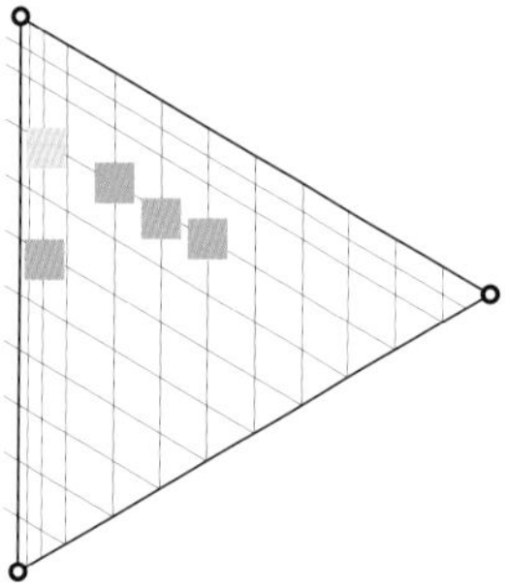

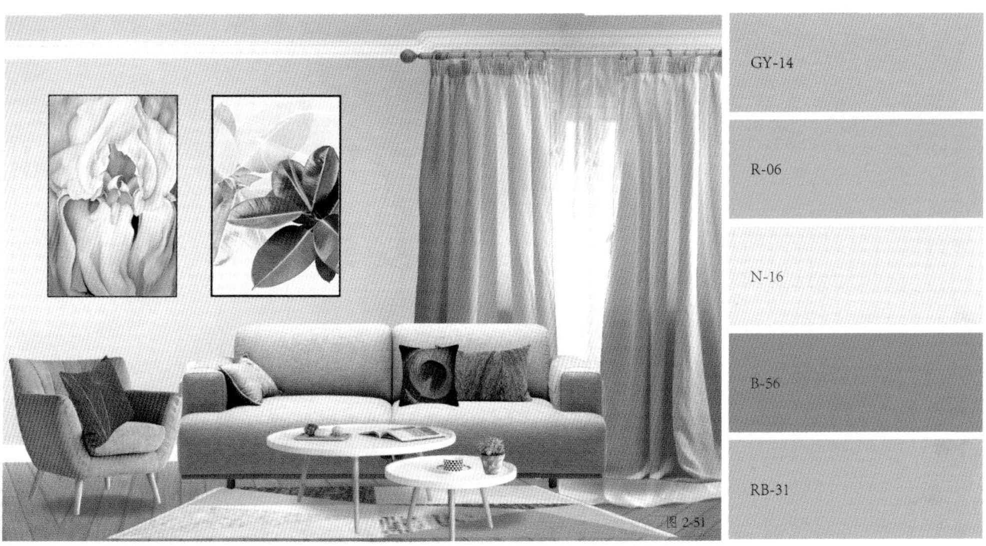

GY-14
R-06
N-16
B-56
RB-31
图 2-51

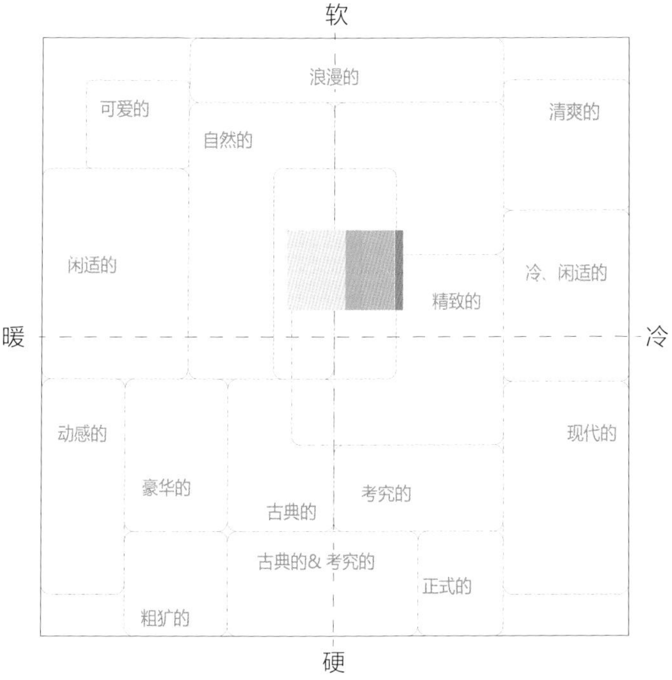
软
硬
暖
冷
浪漫的
可爱的
清爽的
自然的
闲适的
冷、闲适的
精致的
动感的
现代的
豪华的
古典的
考究的
古典的& 考究的
正式的
粗犷的

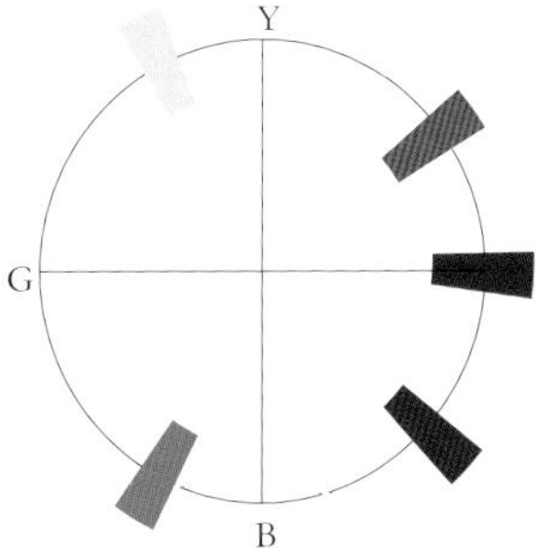
Y
G
B

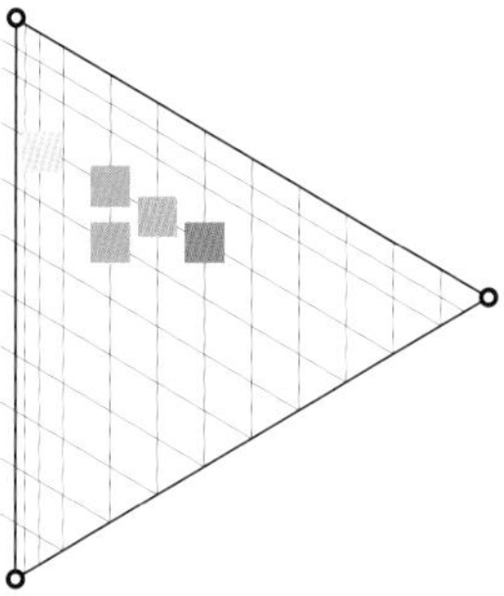

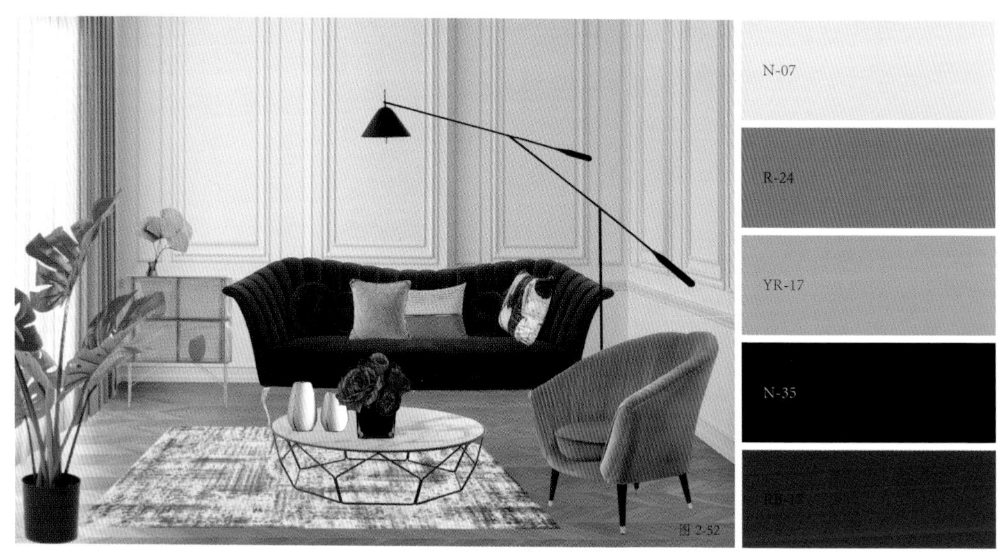

N-07
R-24
YR-17
N-35
图 2-52

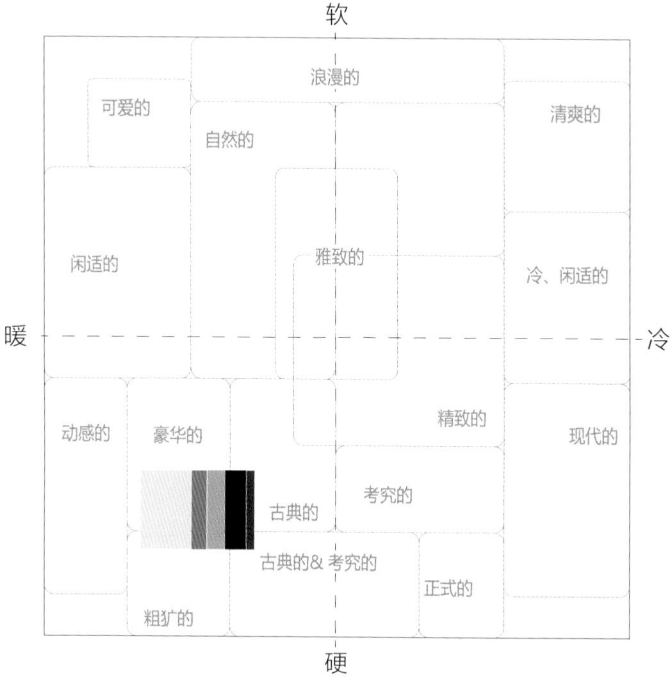
软
硬
暖
冷
浪漫的
可爱的
清爽的
自然的
雅致的
闲适的
冷、闲适的
动感的
豪华的
精致的
现代的
考究的
古典的
古典的& 考究的
正式的
粗犷的

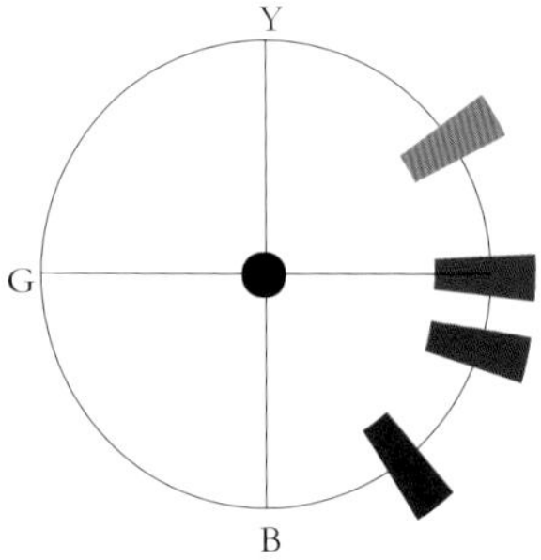
Y
G
B

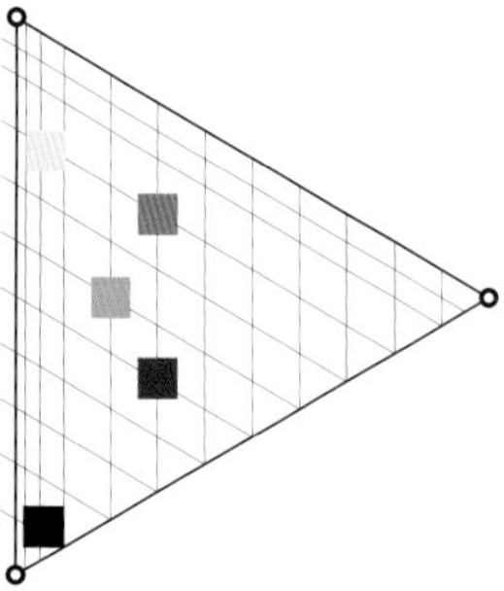

N-07
R-24
RB-42
N-35
RB-17

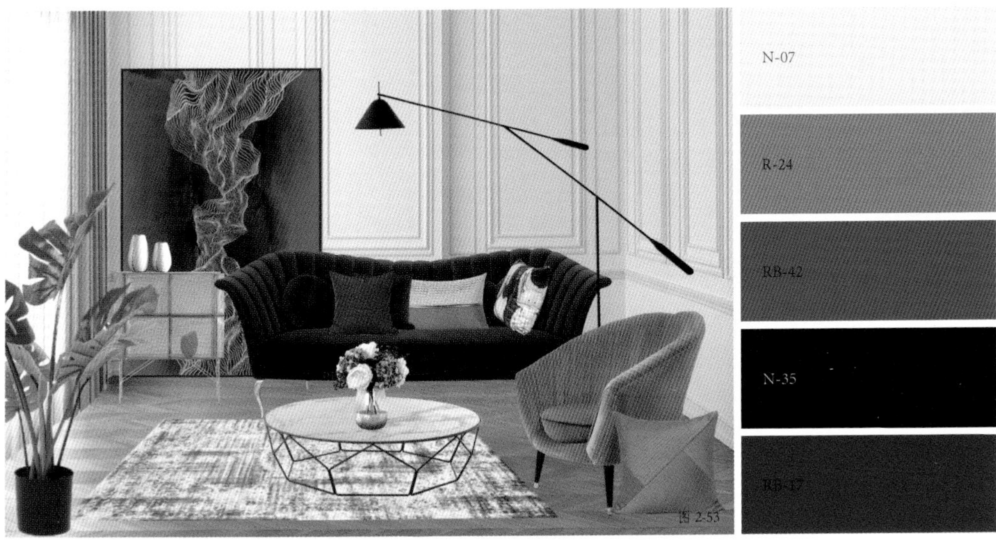

图 2-53

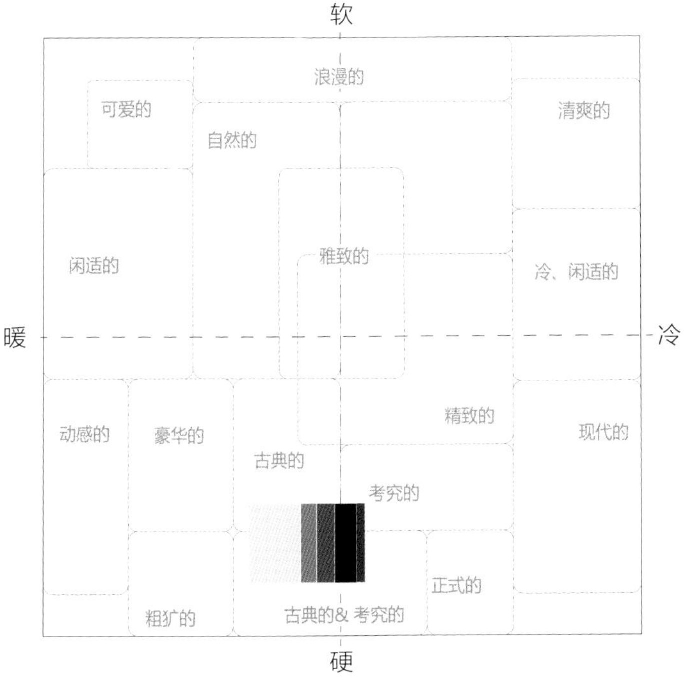
软
浪漫的
可爱的
清爽的
自然的
闲适的
雅致的
冷、闲适的
暖
冷
动感的
豪华的
精致的
现代的
古典的
考究的
正式的
粗犷的
古典的& 考究的
硬

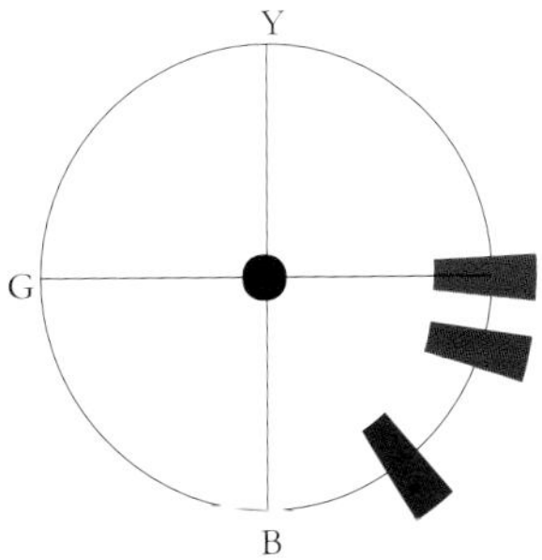
Y
G
B

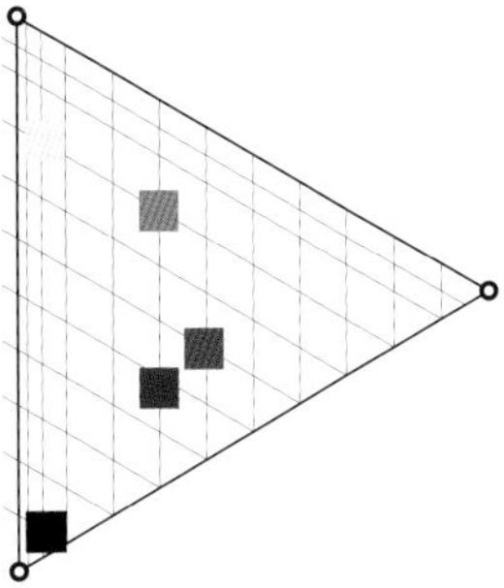

百年时尚——20 世纪流行色演变

19 世纪 90 年代至 20 世纪 10 年代——古典的尾巴

20 世纪 20 年代至二战前——黄金时代

二战后至 20 世纪 70 年代——绚烂岁月

20 世纪 80 年代至 21 世纪初——洗尽铅华

M
O
T
E
L

流行易逝，而风格永存。

——可可 · 香奈儿（Coco Chanel）

19 世纪 90 年代至 20 世纪 10 年代
——古典的尾巴

时代大事件

1. 1895 年，法国人卢米埃兄弟放映了世界上第一部电影。

2. 1895 年，梅赛德斯 – 奔驰推出了世界上第一台标准化量产汽车奔驰 · 维洛（Benz Velo）。

3. 19 世纪 60 年代，印象派诞生。经过几十年的发展，进入新印象派（点彩派）、后印象派时期。

4. 1896 年，第一届现代奥林匹克运动会在雅典举行。

5. 1900 年，柯达公司推出第一部布朗尼相机，这种低成本的“快照”，使摄影进一步平民化。

6. 1903 年，莱特兄弟制造的第一架有动力装置的固定翼飞机“飞行者一号”试飞成功。

7. 1905 年，爱因斯坦在其论文《论动体的电动力学》中介绍了狭义相对论。

8. 1890—1910 年，新艺术运动达到顶峰，并影响了建筑、家具、产品、服装、平面、字体等设计。

9. 1906 年，立体派诞生。1907 年毕加索的《阿维尼翁少女》成为奠定立体派绘画历史地位的作品，之后“立体主义”才焕发出新的光彩。

……

19 世纪末，世界正在经历第二次工业革命（19 世纪 70 年代—20 世纪初），其中西欧、美国以及 1870 年后的日本，工业得到飞速发展。第二次工业革命紧跟第一次工业革命（18 世纪 60 年代—19 世纪中期），并且从英国向西欧和北美蔓延，人们的生活继续发生着各种巨大的变化。在这样的背景下，视觉艺术和时尚流行也呈现百家争鸣的态势，摄影技术的发明让西方传统绘画以“栩栩如生”为终极追求的目标失去了意义，由此诞生了着重描绘光色的“印象派”。此后，绘画进入了对世界的表现更为抽象的探索。与此同时，科学界的“相对论”与艺术界的“立体派”，皆为人们带来一种颠覆性的看待世界的方式。

此时的设计和装饰艺术领域，因为工业化批量生产，带来大量品质低下的廉价产品，一批设计师开始了一场短暂但极具影响力的“新艺术运动（Art Nouveau）”。在这种反标准化的装饰艺术运动下，出现了一批造型十分优美、工艺极为复杂的建筑和产品，但因为无法实现量产，成为逆社会潮流而上的存在，因此流行的时期非常短暂。但这短暂的十多年，却拉开了后来长时间广泛流行的“装饰艺术运动（Art Deco）”的序幕。

在 19 世纪与 20 世纪交接之际，我们看到的是古典的尾巴与现代的开端。

Golden

金色温柔

关键词：新艺术风格（Art Nouveau）
金箔、彩色玻璃
插画、平面海报

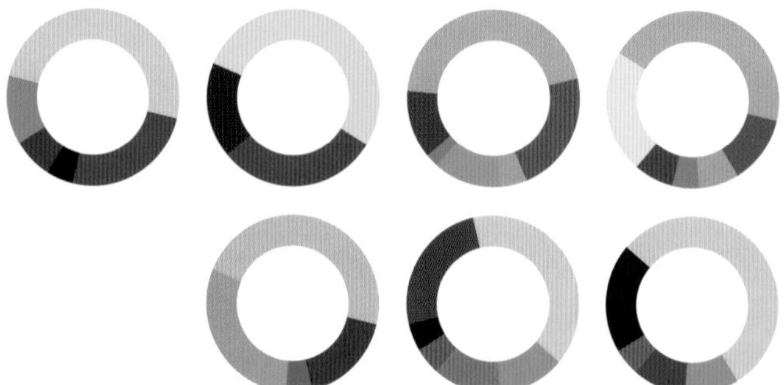

图 3-1 位于法国巴黎第九区奥斯曼大道上的老佛爷百货公司（Les Galeries Lafayette）。摄影：张昕婕
奥斯曼大道上的老佛爷百货修建于 1912 年，室内装饰正是当时极为流行的新艺术风格（Art Nouveau）。建筑内部的彩色玻璃穹顶尤为壮观，也是新艺术风格风靡时期常用的建筑和室内装饰手段

图 3-2

图 3-3

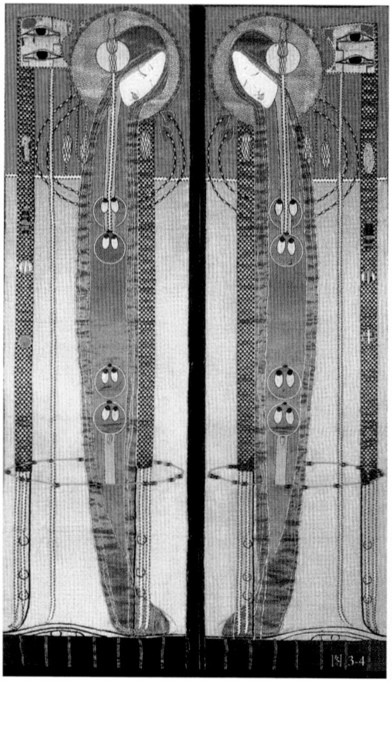

图 3-4

Y-20

R-41

YR-71

图 3-5

图 3-2 位于法国巴黎第九区奥斯曼大道上的老佛爷百货公司。摄影：张昕婕

图 3-3 塔塞尔公馆（Hotel Tassel），1894 年。设计者：维克多•奥塔（Victor Horta），1861—1947 年，比利时人
塔塞尔公馆被视为第一个真正的新艺术运动建筑，室内的扶手、墙面装饰、柱子、窗框等所有元素，都表现出典型的装饰艺术造型风格，渐变的暖金色调则成为这种风格的代表色

图 3-4 刺绣。创作者：玛格丽特•麦克唐纳（Margaret MacDonald）

图 3-5 《水果》（Fruit），1897 年。阿尔丰斯•慕夏（Alphonse Mucha），1860—1939 年，捷克画家和装饰品艺术家，新艺术风格的代表人物

YR-25

R-41

Y-18

GY-15

Y-43

RB-36

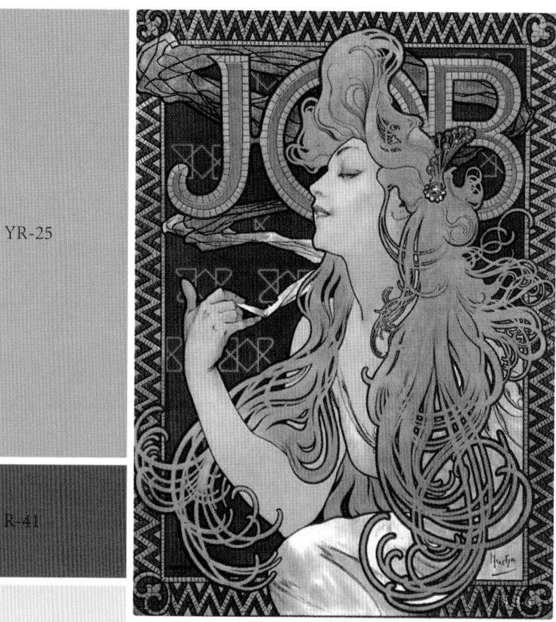

图 3-6 烟草海报（Job Cigarette），1896 年。阿尔丰斯 • 慕夏（Alphonse Mucha）

图 3-7 艺术沙龙海报（Salon des Cent），1896 年。阿尔丰斯 • 慕夏（Alphonse Mucha）

图 3-8 《艺术系列——绘画》（Painting. From The Arts Series），1898 年。阿尔丰斯 • 慕夏（Alphonse Mucha）

图 3-9 西班牙地区的新艺术风格墙面瓷砖与椅子设计，西班牙巴塞罗那加泰罗尼亚博物馆藏。摄影：张昕婕

图 3-10 新艺术风格卧室陈设，法国南锡学院博物馆藏。摄影：Jean-Pierre Dalbéra

图 3-9

Y-15

图 3-10

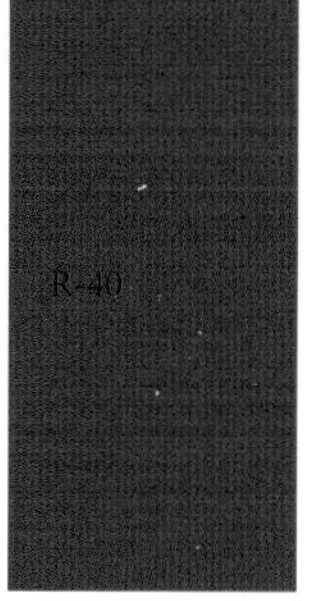

R-40

Y-36

B-37

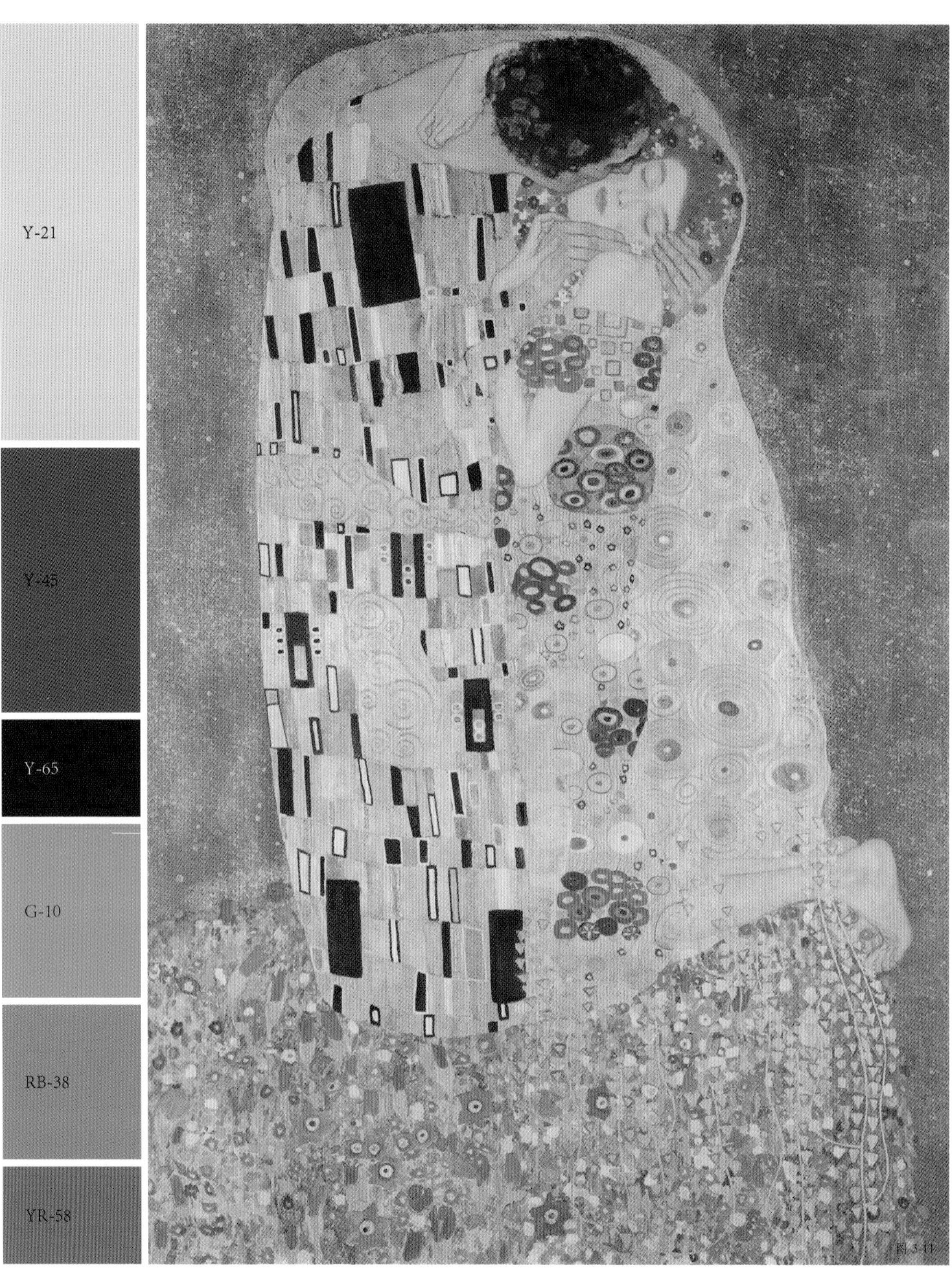

图 3-11

图 3-12

新艺术风格在欧洲的不同国家，有不同的特点。在英国它被称为“工艺美术运动”，在奥地利可以看到“维也纳分离派”。克里姆特就是维也纳分离派的代表人物，他的画作多以华丽的金箔装饰为标志。克里姆特受拜占庭文化中的马赛克艺术影响很大，金箔的马赛克式拼贴，让他的作品在写实和梦幻之间呈现出与众不同的装饰性。

图 3-11 《吻》（The Kiss），1908 年，油画，新艺术风格，奥地利美景宫美术馆藏。古斯塔夫·克里姆特（Gustav Klimt），1862—1918 年，奥地利人

图 3-12《朱迪思和霍洛芬斯》（Judith and the Head of Holofernes），1901 年，油画，新艺术风格，奥地利美景宫美术馆藏。古斯塔夫·克里姆特（Gustav Klimt），1862—1918 年，奥地利人

Y-21

Y-65

B-31

G-10

YR-58

翠绿

关键词：新艺术风格（Art Nouveau）

铜、宝石、金箔

具象的自然主义形态家具和壁纸图案

东方风情

反工业化的机械复制

图 3-13 法国巴黎地铁 Abbesses 站入口，1900 年，主要材质：铸铁上漆、抛光火山岩。设计者：赫克托·吉玛德（Hector Guimard）。摄影：Iste Praetor

吉玛德用标准化铸铁部件，为加工、运输和组装提供了便利，通过遍布城市的地铁入口，让“奢侈”的新艺术风格进入大众视野

图 3-14

图 3-14 俄罗斯圣彼得堡维捷布斯克火车站，新艺术风格。摄影：Alex Florstein Fedorov/Wikimedia Commons

图 3-15 捷克布拉格梅拉诺酒店主立面，建筑完成于 1906 年。摄影：Alexander Savin

图 3-16 奥地利维也纳卡尔广场城铁站，1899 年。设计者：奥托•瓦格纳（Otto Wagner）。摄影：Thomas Wolf

图 3-17

G-03

GY-06

N-13

B-12

R-40

YR-47

图 3-17 文森之家（Casa Vicens），1883—1888 年。整栋房子由石头、粗红砖和棋盘状彩色花卉瓷砖建成。设计者：安东尼•高迪（Antoni Gaudí）。摄影：张昕婕

图 3-18 米拉之家（Casa Milà）室内，1906—1912 年。设计者：安东尼•高迪（Antoni Gaudí）。摄影：张昕婕

图 3-19《办公室室内》，1915 年。水彩画，美国库珀休伊特 • 史密森设计博物馆藏。爱德华 • 拉姆森 • 亨利（Edward Lamson Henry），1841—1919 年，美国人

爱德华 • 拉姆森 • 亨利是纽约历史学会的会员，他对细节的刻画给予了高度的关注，所以他的画作被同时代的人视为真实的历史再现

图 3-20《F. 尚普努瓦》（F.Champenois），1898 年。阿尔丰斯 • 慕夏（Alphonse Mucha）

《F. 尚普努瓦》是慕夏为出版社 F. Champenois 设计的海报。画面中，一个身穿圣洁长裙的女子，手里捧着一本摊开的书，眼睛凝视着前方，整个画面宁静而优雅，人物被色彩柔和的花朵映衬得更加楚楚动人

1898
1898
F. CHAMPENOIS
IMPRIMEUR-ÉDITEUR
66, Boul.d St. Michel,
PARIS
Mucha
Y-04
R-02
BG-19
BG-20
YR-59
R-40

图 3-20

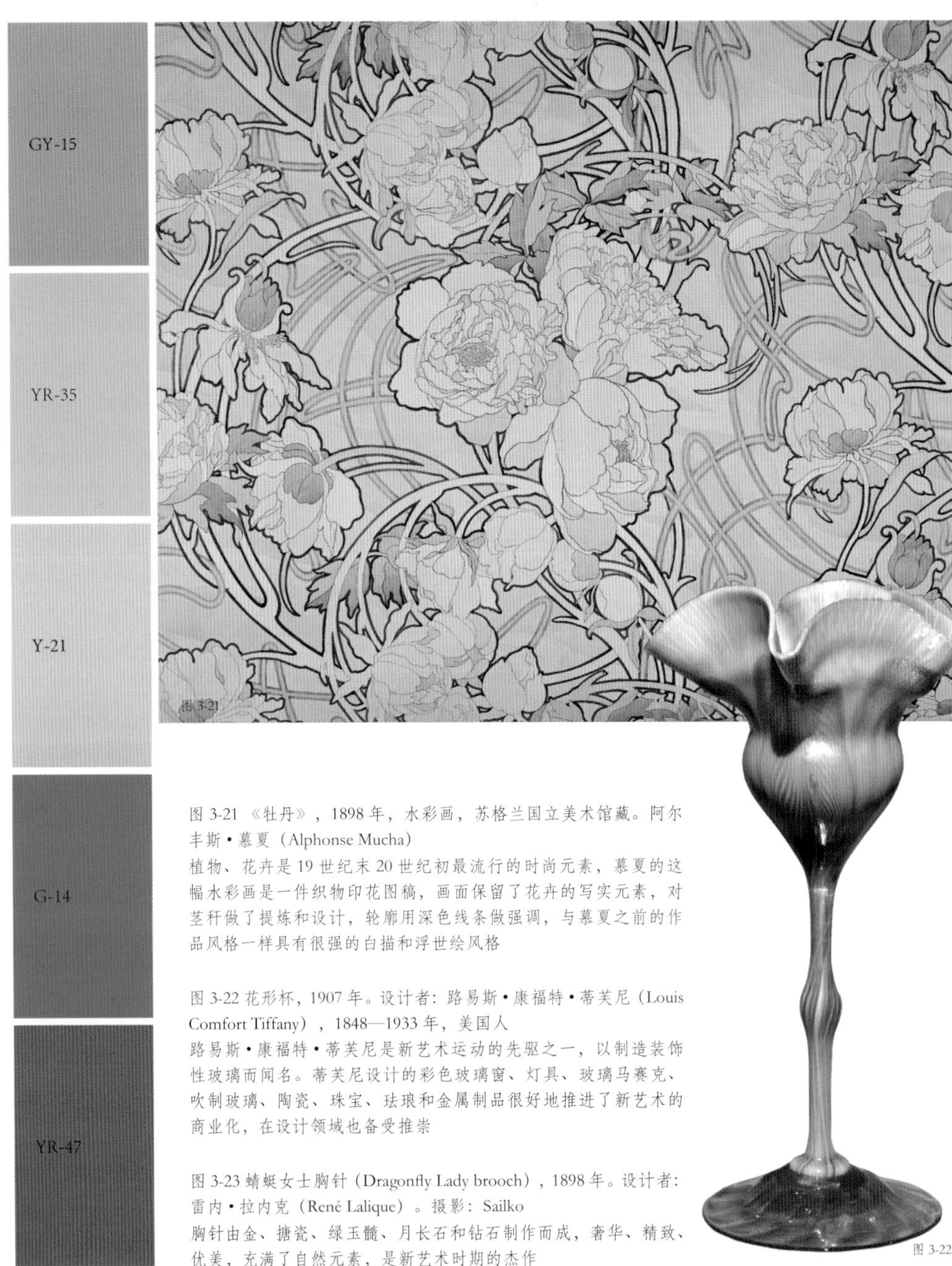

图 3-21

图 3-22

图 3-21 《牡丹》，1898 年，水彩画，苏格兰国立美术馆藏。阿尔丰斯•慕夏（Alphonse Mucha）
植物、花卉是 19 世纪末 20 世纪初最流行的时尚元素，慕夏的这幅水彩画是一件织物印花图稿，画面保留了花卉的写实元素，对茎杆做了提炼和设计，轮廓用深色线条做强调，与慕夏之前的作品风格一样具有很强的白描和浮世绘风格

图 3-22 花形杯，1907 年。设计者：路易斯•康福特•蒂芙尼（Louis Comfort Tiffany），1848—1933 年，美国人
路易斯•康福特•蒂芙尼是新艺术运动的先驱之一，以制造装饰性玻璃而闻名。蒂芙尼设计的彩色玻璃窗、灯具、玻璃马赛克、吹制玻璃、陶瓷、珠宝、珐琅和金属制品很好地推进了新艺术的商业化，在设计领域也备受推崇

图 3-23 蜻蜓女士胸针（Dragonfly Lady brooch），1898 年。设计者：雷内•拉内克（René Lalique）。摄影：Sailko
胸针由金、搪瓷、绿玉髓、月长石和钻石制作而成，奢华、精致、优美，充满了自然元素，是新艺术时期的杰作

图 3-24 花瓶，1898 年。设计者：伽利略·奇尼（Galileo Chini），1873—1956 年，意大利人。摄影：Sailko
伽利略·奇尼是装饰家、设计师、画家和陶艺家，是意大利新艺术运动的重要成员

图 3-25 彩色玻璃花窗，1904 年。设计者：雅克·格鲁拜尔（Jacques Grüber），1870—1936 年，法国人。摄影：Léna
格鲁拜尔在 1897 年创立了自己的工作室，专门从事玻璃工作和彩色玻璃窗，1901 年成为法国南希工艺美术学院的创始人之一

图 3-23

图 3-24

图 3-25

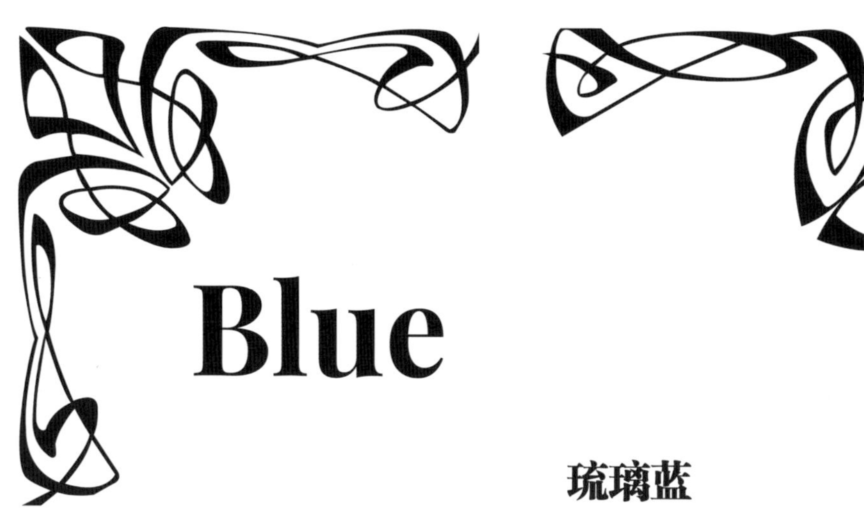

Blue

琉璃蓝

关键词：新艺术风格（Art Nouveau）
马赛克、陶瓷碎片
具象的自然主义形态的版画

图 3-26 路易斯·康福特·蒂芙尼在美国纽约长岛的住宅（Laurelton Hall）的建筑外立面细节，约 1905 年

图 3-27

图 3-28

B-16

B-52

B-55

YR-11

YR-48

图 3-27 巴特略之家（The Casa Batlló），1904—1906 年。设计者：安东尼•高迪（Antoni Gaudí）
巴特略之家是建筑师安东尼•高迪和若热普•玛丽亚•茹若尔合作装修改造的一座建筑，以造型怪异而闻名于世。该建筑建于 1877 年，在 1904 年到 1906 年间进行改造。建筑内部的设计秉承了高迪一贯的风格，没有棱角，全是柔和的波浪形状。海洋元素贯穿整个室内装修，建筑顶部巨大的螺旋造型，像大海的漩涡一般向四周散开，而漩涡中心则装饰有海葵样的顶灯。巴特略之家与高迪其他建筑的不同之处是它的外墙。巴特略之家外墙墙面不规则，以彩色马赛克作为装饰，远望像印象派画家的调色盘，但色彩却出奇地和谐，具有耀眼的美感

图 3-28 巴特略之家外立面细节。摄影：张昕婕

图 3-29 巴特略之家楼梯间瓷砖。摄影：张昕婕

图 3-30 新艺术风格家具、门和彩色玻璃。摄影：张昕婕

图 3-31 布拉格街头的新艺术风格建筑立面。摄影：张昕婕

图 3-32 巴黎朗廷酒店（Hôtel Langham）的餐厅墙面装饰，1898 年。设计者：埃米尔•于尔特莱（Émile Hurtré）
从这幅墙面装饰画里可以看到孔雀、鹤、向日葵等自然元素

图 3-33 《睡莲》，1896 年。设计者：莫里斯•皮拉德•韦纳伊（Maurice Pillard Verneuil），1869—1942 年，装饰艺术家，新艺术风格设计师，法国人

PL 8.
M.P. Verneuil 95
WATER-LILY
NENUPHAR
Die SEE ROSE
BG-07
B-55
Y-38
YR-01
YR-29
R-32
GY-19

图 3-33

Pink

另类的粉

关键词：新艺术风格（Art Nouveau）
立体派、点彩派
先锋性
东方风情、异国情调

图 3-34《阿维尼翁少女》(Les Demoiselles d'Avignon)，1907 年，立体派风格。巴勃罗•毕加索(Pablo Picasso)，1881—1973 年，西班牙人

《阿维尼翁少女》是毕加索走向立体派的代表作，在 20 世纪的最初 10 年里，极具先锋性的立体派虽然并没有广泛地进入大众视野，但艺术往往是设计的领路人，在随后的几十年间，立体派深刻地影响了人们的着装、室内装饰、家具设计以及建筑设计，成为装饰艺术风格(Art Deco)的重要源头之一

GY-13

R-08

BG-01

图 3-35

图 3-35《康康舞》（Le Chahut），约 1889 年，点彩派（新印象派）风格。乔治•修拉（Georges Seurat），1859—1891 年，法国人

图 3-36 弗诺格里奥之家（Casa Fenoglio-La Fleur），意大利都灵，1907 年。设计者：皮埃罗•弗诺格里奥（Pietro Fenoglio）

图 3-37 禧年会堂（Jubilejní synagoga）建筑立面，1906 年，设计者：Wilhelm Stiassny。摄影：Thorsten Bachner
禧年会堂是捷克首都布拉格的一座犹太会堂，地处耶路撒冷街，又名耶路撒冷会堂。这座犹太会堂建筑为摩尔复兴风格，装饰为新艺术运动风格

图 3-38 戏服设计，1909 年。设计者：雷昂 • 巴克斯（Leon Bakst）
巴克斯是俄罗斯画家、舞台场景和服装设计师。他的舞台设计用色大胆，服装色彩丰富，充满了东方的异国情调，而这也直接影响了随后的服饰时尚，宽松的、带有东方元素的服饰逐渐成为装饰艺术风格流行时期的主要时尚潮流

图 3-39 墙纸图案设计，1915—1917 年，美国布鲁克林博物馆藏。设计者：威廉 • 莫里斯（William Morris），1830—1896 年，英国人
莫里斯是英国工艺美术运动的领导人之一，是世界知名的家具、壁纸花样和布料花纹设计师兼画家。他的图案设计在 19 世纪末 20 世纪初的英国广为流行，同时深刻地影响着欧洲其他地区，至今依然是壁纸、织物图案设计的灵感来源

图 3-38

图 3-39

19 世纪 90 年代至 20 世纪 10 年代流行色的当代演绎

从留存至今的图像资料可以看到，19 世纪与 20 世纪相交的二十年，绿色相、蓝色相与金色相构成了建筑、室内、产品中常见的颜色。如果将这些颜色提取出来，参考那个年代的图案与造型特点，结合当下的审美，完全可以打造出全新的室内整体配色方案。

图 3-40 19 世纪 90 年代至 20 世纪 10 年代流行色在当代家居设计中的运用

图 3-41 19 世纪 90 年代至 20 世纪 10 年代流行色在当代家居设计中的运用

20 世纪 20 年代至二战前——黄金时代

时代大事件

1. 20 世纪 20 年代，在北美经常被称为“咆哮的二十年代（Roaring Twenties）”或“爵士时代（Jazz Age）”，而在欧洲由于第一次世界大战后的经济繁荣，被称为“黄金年代”，法语国家则用“疯狂年代（Ann é es folles）”来称呼它。这十年的关键词就是经济发展，而经济繁荣带来的富裕，造就了艺术和文化的无限活力。于是，极具炫耀性的“装饰艺术风格（Art Deco）”大肆流行。

2. 1922 年，埃及帝王谷的图坦卡蒙墓被发掘，大量的古埃及随葬品为设计和时尚领域注入新的视觉元素，古埃及图案、配色方式成为装饰艺术风格的重要组成部分。

3. 1929 年，华尔街爆发金融危机，从此欧美进入十多年的经济萧条期，并引发了第二次世界大战。

4. 1919 年，德国诞生了一个全新的设计学院——包豪斯。虽然这所学校在 1933 年便关闭了，但其先锋的设计理念，强调技术与艺术结合的理念，以集体合作为工作核心的设计方式，培养具备工匠能力的艺术家，对材料、结构、肌理、色彩科学和技术的理解等，惠及全世界，并对后来的产品设计及审美产生了深远的影响。

5. 1935 年，柯达制造了第一款彩色胶卷柯达克罗姆（Kodachrome）。

6. 20 世纪 20 年代无线电收音机成为工业化国家的主要传播媒介。

7. 1931 年，帝国大厦竣工，并在此后 35 年间保持着世界最高建筑的记录，摩天大楼成为人们印象中现代化的标志之一。

……

图 3-42 ～图 3-44 美国纽约克莱斯勒大厦（Chrysler Building），1928—1930 年。设计者：威廉·凡艾伦（William Van Alen）

BLACK

前卫而奢华的黑色

关键词：装饰艺术风格（Art Deco）

奢华的黑金组合

埃及风情

扇形图案

工业复制下的前卫黑色

图 3-45 装饰艺术风格图案

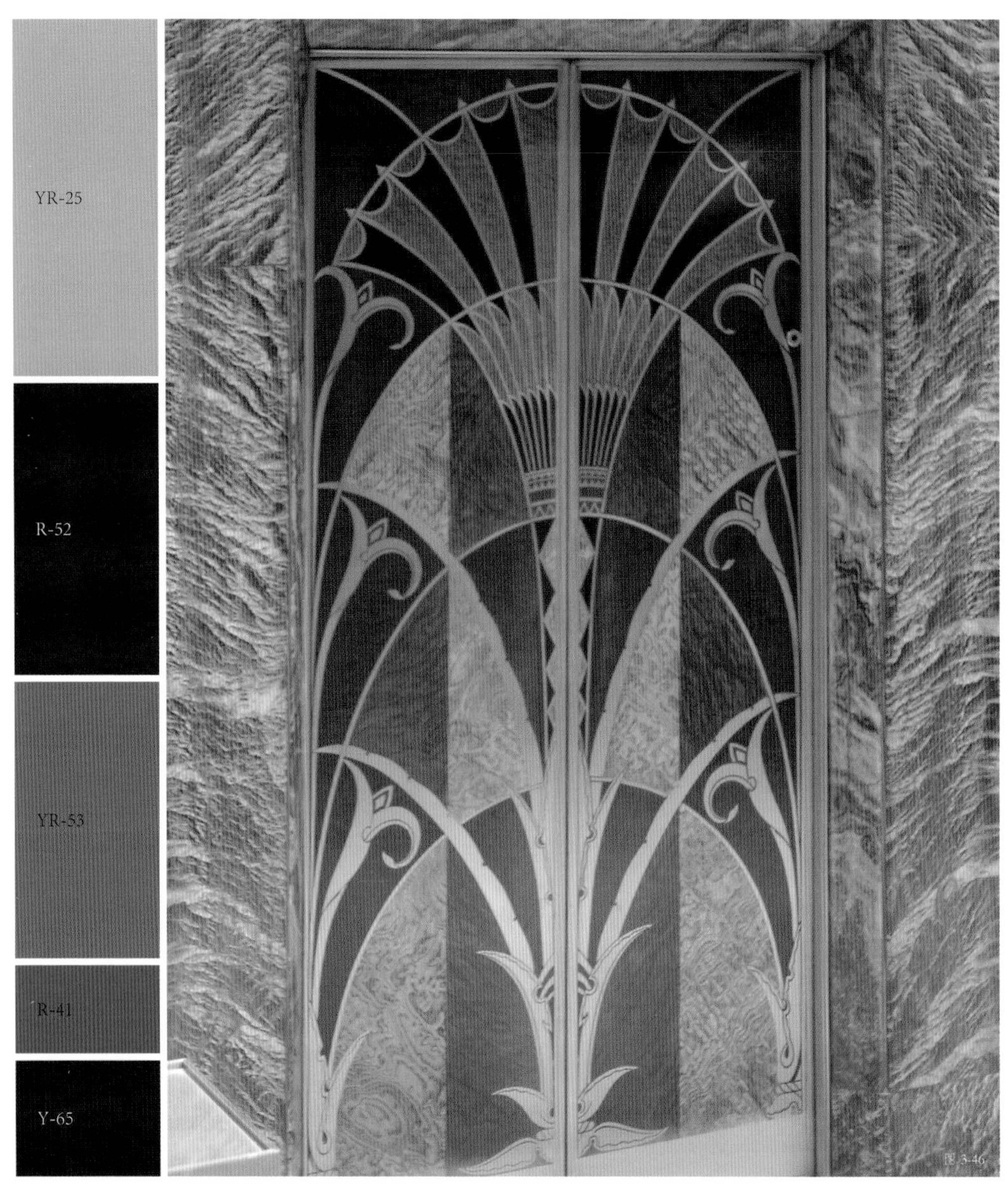

图 3-46 克莱斯勒大厦大厅电梯门。摄影：Tony Hisgett
克莱斯勒大厦作为装饰艺术（Art Deco）风格的代表，在建筑和室内装饰上，充满了典型的装饰艺术元素。大厅电梯门上的植物图案是新艺术风格的延续，更是古埃及装饰元素的再现

图 3-47

图 3-48

图 3-47 行政办公桌，1930 年，法国巴黎装饰艺术博物馆藏。设计者：米歇尔•卢克斯 - 斯皮兹（Michel Roux-Spitz）

图 3-48 《无烟不起火》（Where there's smoke there's fire），1920 年。罗素•帕特森（Russell Patterson），1893 –1977 年，纽约著名插画师

20 世纪 20 年代可以说是第一个女权运动的高潮期。吸烟、宽松低腰的裙装、波波头的短发造型等，是第一个时尚女性的标配。在绘画表达上，对女性的描绘往往并不突出其柔美，而是强调其骄傲、自信、奔放的魅力，女性的身材也往往是用简洁、刚硬的线条来表达

图 3-49

图 3-50

图 3-51

N-39

图 3-49 美国纽约暖炉大厦（American Radiator Building），1924 年。设计者：雷蒙德•霍德（Raymond Hood）。摄影：Jean-Christophebenoist
建筑立面的黑砖象征煤炭，金砖则象征火，入口处用大理石和黑色镜子装饰

图 3-50 20 世纪 20 年代女鞋，装饰艺术风格。中国丝绸博物馆藏。摄影：张昕婕

图 3-51 克莱斯勒大厦大厅内写有“克莱斯勒大厦”的牌匾。字体设计是典型的装饰艺术风格。摄影：Dorff

图 3-52 茶壶，1924 年。设计者：玛丽安娜•布兰德（Marianne Brandt）。摄影：张昕婕
1923 年，布兰德进入包豪斯的金属制品车间学习。受到纳吉的影响，她将新兴材料与传统材料相结合，设计了一系列革新性与功能性并重的产品，其中包括于 1924 年设计的著名的茶壶

图 3-53 香奈儿 5 号香水瓶，1921 年
香奈儿 5 号香水瓶由加布里埃•香奈儿（Gabrielle Bonheur Chanel）亲自设计，简单的线条、纯白色的标签、黑色的字体，色彩和造型同样简洁，这在当时是令人侧目的、极具先锋性的设计。直到现在香奈儿 5 号香水瓶也只对原始设计进行了微妙的改变，保持着其令人惊叹的当代审美

Y-22

图 3-52

图 3-53

图 3-54

图 3-55

图 3-56

图 3-57

图 3-58

图 3-59

图 3-60

图 3-54 福特 T 型汽车，1925 年
福特 T 型汽车不仅改变了汽车的生产模式，还开创了流水线作业的工业化生产，甚至成为现在朝九晚五工作制度的起源。但直到 1927 年停产前，福特提供给市场的，只有黑色的汽车

图 3-55 时钟，1933 年，由镀铬金属、玻璃制作而成。设计者：吉尔伯特·罗德（Gilbert Rohde）
作为家具和工业设计师，吉尔伯特·罗德在 20 世纪 20 年代后期到第二次世界大战的第一阶段帮助定义了美国的现代主义

图 3-56 台灯，1927 年。设计者：克里斯蒂安·戴尔（Christian Dell）

图 3-57 打字机，1936 年

图 3-58 瓦西里椅（Wassily Chair），1925—1926 年。设计者：马赛尔·布劳耶（Marcel Breuer）。摄影：张昕婕
瓦西里椅在设计史上的崇高地位直到今天依然不可小觑，布劳耶的所有设计，包括建筑和家具，都体现了包豪斯艺术美学和工业生产相结合的理念，他的管状钢制家具系列彻底改变了现代室内设计的观念

图 3-59、图 3-60 20 世纪 20 年代的派对女装和面料局部，装饰艺术风格，中国丝绸博物馆藏。摄影：张昕婕
从 20 世纪 20 年代开始，黑色逐渐成为服装时尚界的首选

奋进之红

关键词：装饰艺术风格（Art Deco）
奢华的黑金组合
埃及风情
扇形图案
工业复制下的前卫黑色

图 3-61 梅赛德斯 - 奔驰 500K 敞篷跑车（Mercedes-Benz 500K special roadster），1936 年，德国斯图加特奔驰博物馆藏。
摄影：张昕婕

图 3-62《戴黑手套的女人》（Femme au gantnoir），1920 年。阿尔伯特·格列兹（Albert Gleizes），1881—1953 年，法国人

图 3-63《哈林爵士的阐释》(Interpretation of Harlem Jazz I)，维诺德•赖斯（Winold Reiss），1886—1953 年，德国出生的美国艺术家和平面设计师

爵士乐的发展，也是改变人们服饰时尚的推手之一——热情奔放的爵士舞步，要求必须身着宽松的服饰，以给身体足够的空间

图 3-64《进步的世纪》（Century of Progress），1933 年芝加哥世界博览会海报

芝加哥世界博览会展示了人类在建筑、科学、技术和交通方面的创新。其中“明日之家展览（Homes of Tomorrow Exhibition）”尤其引人注目，在这个展览中，展出了现代化的、创新实用的家居产品、新建筑材料和技术

图 3-65

图 3-66

图 3-67

图 3-68

图 3-65 ～图 3-68 德绍的包豪斯学院，1925 年。摄影：张昕婕
这座孕育现代设计的学校，其建筑本身也践行着现代设计的理念。而在色彩的选择上，明艳的大红色是贯穿所有空间的关键颜色

图 3-69 装饰艺术风格单人沙发，1925—1928 年。设计者：马塞尔 • 柯尔德（Marcel Coard）

图 3-70 20 世纪 20 年代的裙装，中国丝绸博物馆藏。摄影：张昕婕

图 3-69

图 3-70

N-22

N-30

YR-22

YR-56

图 3-71 装饰艺术风格彩色玻璃。设计者：路易斯·马若雷勒（Louis Majorelle），1859—1926 年。摄影：Caroline Léna Becker

图 3-72 《红黄蓝构图》，1930 年。彼埃・蒙德里安（Piet Mondrian），1872—1944 年，荷兰人

图 3-73 特奥・范・杜斯伯格（Theo Van Doesburg）的色彩和吉瑞特・托马斯・里特维德（Gerrit Thomas Rietveld）设计的家具在空间中的运用，1919 年，荷兰阿姆斯特丹国立博物馆藏

图 3-74 红蓝椅，1923 年。设计者：吉瑞特・托马斯・里特维德（Gerrit Thomas Rietveld），1888—1964 年，荷兰人
红蓝椅的原始版本完成于 1919 年，当时并没有颜色，现在广为流传的红蓝椅是受蒙德里安的影响，于 1923 年再次设计制作的版本

Neutral

提炼的自然色

关键词：装饰艺术风格（Art Deco）
天然石材
皮革、藤编与钢管
少即是多

图 3-75 巴塞罗那德国馆，1929 年。设计者：密斯·凡德罗（Ludwig Mies van der Rohe），1886—1969 年，德国人。摄影：张昕婕

1929 年巴塞罗那世界博览会德国馆，简称巴塞罗那德国馆。因其简单的设计和昂贵的建材（如大理石和洞石）而在现代主义建筑史上具有重要意义。巴塞罗那德国馆是密斯“少即是多”这一设计理念的代表。展馆的设计将商品贸易排除在外——除了一座雕塑和几件专门设计的家具（其中包括著名的“巴塞罗那椅”）之外，展馆内没有任何展品。展馆内外没有明确的界限，成为一个连续的空间

图 3-76、图 3-77 MR10 椅，蓬皮杜艺术中心藏。设计者：密斯·凡德罗（Ludwig Mies van der Rohe）摄影：张昕婕

图 3-78 维尔 - 沃格尔特的书房（Weil-Worgelt Study），1928—1930 年，装饰艺术风格。设计者：让 - 安东尼·阿尔瓦（Jean-Antoine Alavoine）

图 3-79 ～图 3-81 20 世纪 20 年代至 30 年代的西式服饰鞋帽，中国丝绸博物馆藏。摄影：张昕婕

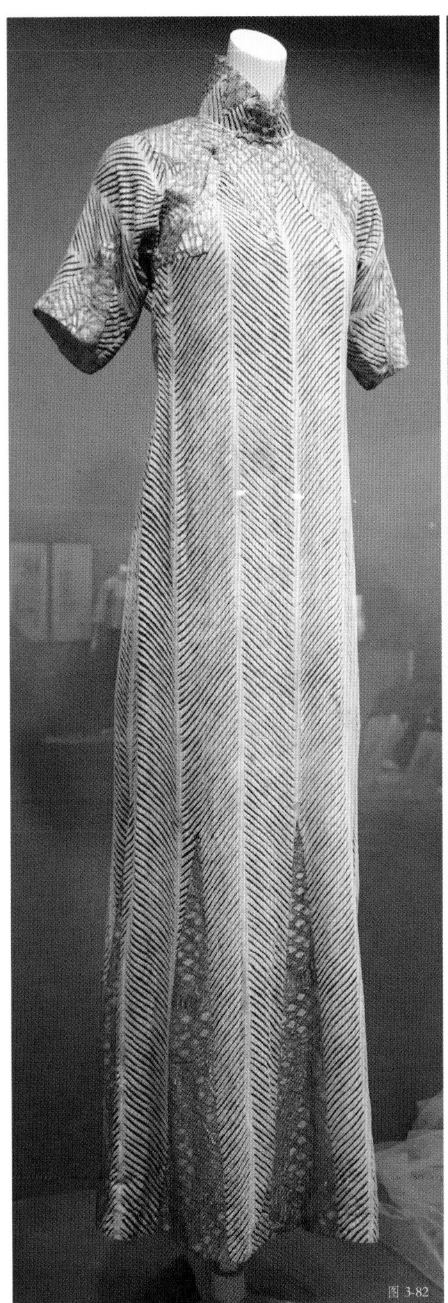
图 3-82

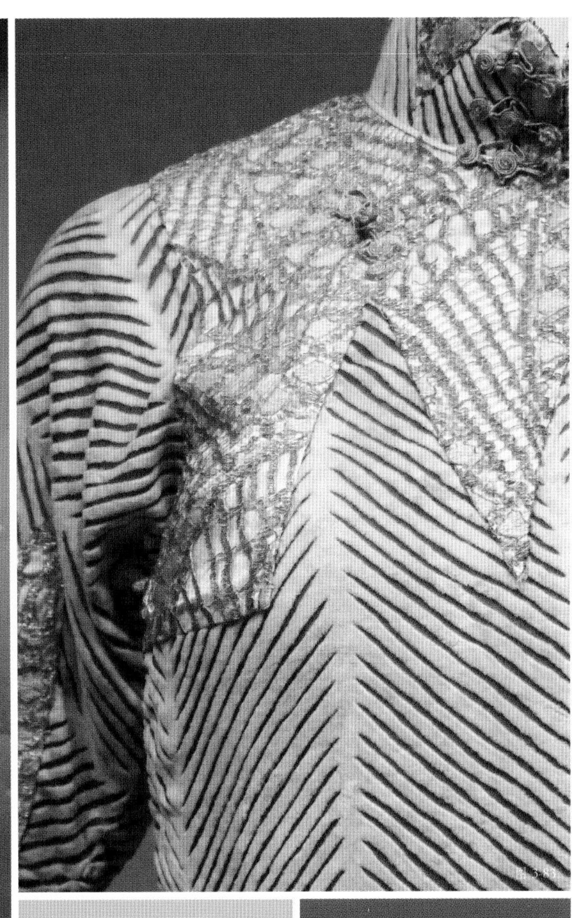
图 3-83

图 3-82、图 3-83 中国旗袍，20 世纪 20 年代至 30 年代，中国丝绸博物馆藏。摄影：张昕婕

这件旗袍结合了西式服装的立体剪裁，可以看到这个时期东西方在时尚上的融合

GREEN

实用的绿色

关键词：装饰艺术风格（Art Deco）
天然石材
皮革、藤编与钢管
少即是多

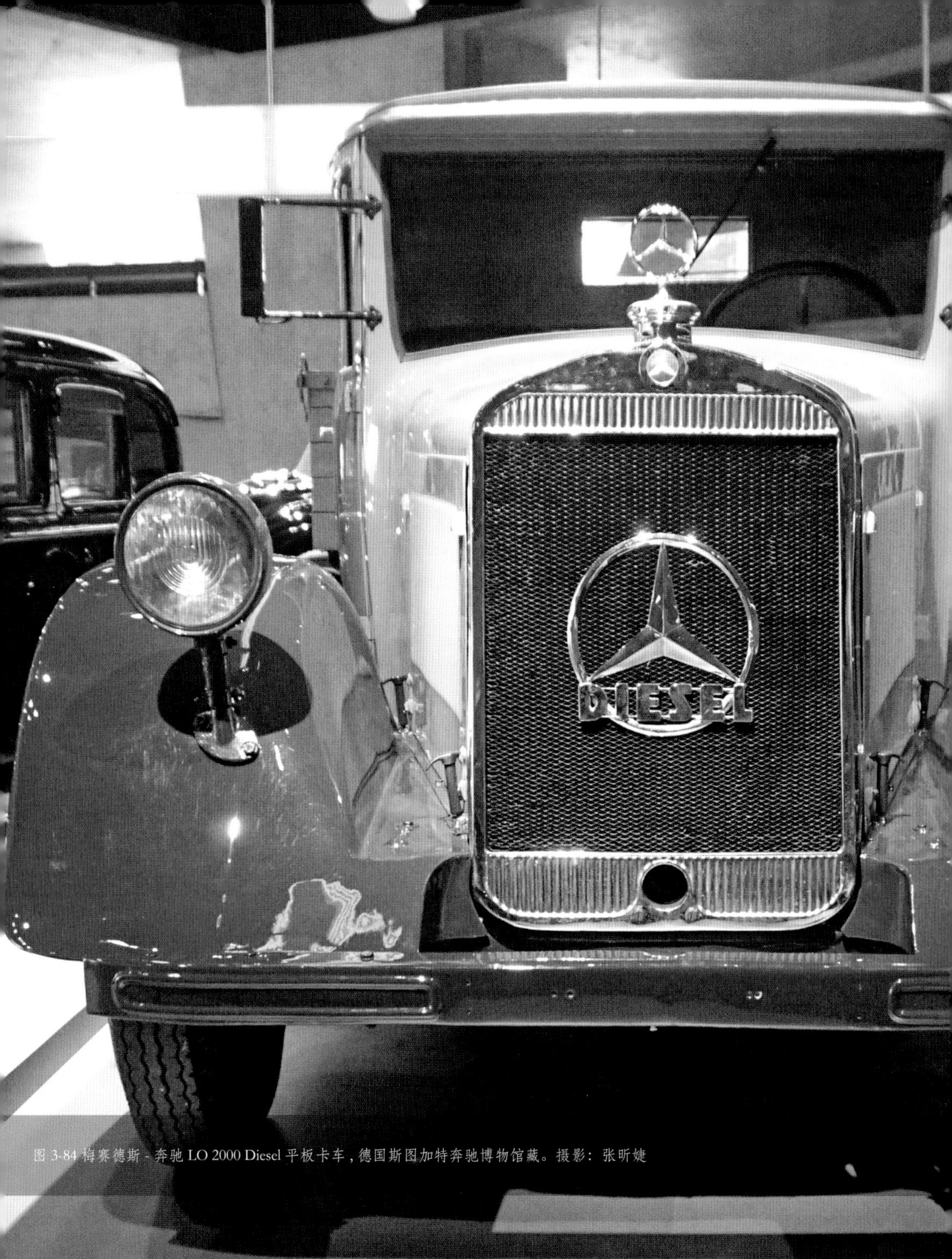

图 3-84 梅赛德斯 - 奔驰 LO 2000 Diesel 平板卡车，德国斯图加特奔驰博物馆藏。摄影：张昕婕

图 3-85

图 3-86

图 3-87

YR-56

BG-16

N-04

图 3-85 ~ 3-87 胡佛大楼（Hoover Building），位于英国伦敦伊灵区，1931—1933 年，装饰艺术风格。设计工作室：沃利斯和吉尔伯特建筑合作事务所

图 3-88

图 3-90

图 3-91

图 3-89

图 3-88 20 世纪 20 年代至 30 年代中式女裙。中国丝绸博物馆藏。摄影：张昕婕

图 3-89 20 世纪 20 年代至 30 年代西式女裙。中国丝绸博物馆藏。摄影：张昕婕

图 3-90 20 世纪 20 年代至 30 年代西式女鞋。中国丝绸博物馆藏。摄影：张昕婕

图 3-91 PH 台灯，1941 年。设计者：保罗•汉宁森（Poul Henningsen），1894—1967 年，丹麦人

20 世纪 20 年代至二战前流行色的当代演绎

20 世纪 20 年代至 30 年代的西方社会，经济发展迅速，极尽炫耀的装饰艺术风格，色彩对比强烈，家具体量较大，材质、图案都相对硬朗，在酒店、俱乐部、剧院等空间较大的娱乐消费场所中显得十分奢华和宏伟，并不适合空间有限的当代家居环境。但硬朗的几何造型、清晰的色彩明度对比、标志性的图案，都可以与当下的流行色结合，展现出复古摩登的气质。在时下流行的“轻奢风格”中，经常会用到那个年代的色彩元素——金色、黑色、祖母绿、宝石蓝等。

图 3-92 20 世纪 20 年代至二战前流行色在当代家居设计中的运用

图 3-93 20 世纪 20 年代至二战前流行色在当代家居设计中的运用

二战后至 20 世纪 70 年代
——绚烂岁月

时代大事件

1. 二战结束后，世界进入冷战时期。

2. 20 世纪 50 年代被一些人称为电视黄金时代。人们将大部分的空闲时间用于看电视，电影观看人数下降，电台听众人数也下降了。

3. 战后经济复苏带来时尚业的重新崛起，迪奥、巴黎世家、香奈儿等主流大品牌都在 20 世纪 50 年代奠定了今天的地位。

4. 20 世纪 50 年代出现的摇滚乐，在此后的近半个世纪，成为大众流行文化的主要符号。

5. 兴起于 20 世纪 50 年代至 60 年代的嬉皮士文化，带来了全新的生活风尚，其中包括对服饰时尚产生的巨大影响，如喇叭牛仔裤、扎染和蜡染面料，以及佩斯利印花等。

6. 1953 年，美国无线电公司（RCA）设定了全美彩电标准，并于 1954 年推出了相应的商品机，彩色电视的新时代才正式开始。

7. 1961 年，德国柏林建起柏林墙，柏林墙是德国分裂的象征，也是冷战的重要标志性建筑。

8. 1963 年，马丁 · 路德 · 金在美国华盛顿发表"我有一个梦想（I have a dream）"的演讲。60 年代开始，西方进入了又一个平权运动的高潮，特别是女性平权运动。

9. 1969 年，阿波罗登月。

10. 玛莉 · 官（Mary Quant）设计的迷你裙，成为 20 世纪 60 年代末至 70 年代上半期年轻女性中最流行的时尚潮流之一，然后在 20 世纪 80 年代中期卷土重来之前暂时从主流时尚中消失。

11. 20 世纪 70 年代，计算机的体积进一步缩小，性能进一步提高。微型计算机在社会上的应用范围进一步扩大，几乎所有领域都能看到计算机的身影。

12. 20 世纪 70 年代日本经济开始腾飞，与此同时日本在艺术、时尚领域，逐渐掌握了一定的话语权。

13. 航空科技飞速发展。1957 年 10 月 4 日，苏联成功发射了人类第一颗人造卫星“斯普特尼克一号”，开创了人类航天的新纪元；1958 年 1 月 31 日，美国第一颗人造卫星“探险者一号”成功发射；中国也在 1970 年 4 月 24 日，成功发射了第一颗人造卫星“东方红一号”。

14. 当代艺术在这个时期逐渐构成大众生活的重要部分，艺术与产品、时尚的结合，让艺术越来越民主化、平民化。

……

1945 年第二次世界大战结束后到 20 世纪 70 年代，是继 20 世纪 20 年代后，西方经济、文化繁荣的又一个高潮时期，世界呈现五彩缤纷的景象，而其中日本的崛起也对时尚审美产生了不容忽视的影响。而无论是家居产品还是服装潮流，当代生活的基本形态，毫无疑问都是 20 世纪 50 年代至 70 年代居住空间的延伸。

COLOR

纯粹的原色

关键词：现代主义的时代
原色、蒙德里安的影响
当代艺术
电视文化

图 3-94 德国柏林的"马赛公寓（Unité d'Habitation, in Berlin）"，1957 年。设计者：勒 • 柯布西耶（Le Corbusier）,1887—1965 年。摄影：张昕婕

法国现代主义建筑大师柯布西耶设计的位于法国马赛的集合住宅闻名世界，建筑的中文名译为"马赛公寓"，但事实上按其法语命名"Unité d'Habitation"应翻译成"住宅的集合"。在法国南特市郊勒泽、布里埃、菲尔米尼，以及德国柏林可以看到其他四座一样的复刻品，同样都是柯布西耶的作品。柯布西耶的这种设计成了当代遍布城市角落的火柴盒公寓的鼻祖，但它的意义绝不仅限于此。与同时期的现代建筑师们一样，心怀乌托邦理想的柯布西耶试图通过建筑设计建立一个更和谐、平等的世界。马赛公寓一幢建筑的户型有 23 种之多，从独身者到多口之家都能找到合适的户型。显然，柯布西耶既不想建一个贫民窟，也不想建专为富裕阶级服务的住宅，他希望不同阶层、不同生活状态的人都能住到这栋楼里。公寓底层空间架空形成的公共空间，既可以做停车场，也可作为建筑到绿地间的通道，方便了住户散步、休息、家庭嬉戏。楼顶的公共空间设有幼儿园，还有游泳池、儿童游戏场地、跑道、健身房、日光浴室、花架，甚至是开放电影院。住宅内部还有面包房、副食品店、餐馆、酒店、药房、洗衣房、理发室、邮电所和旅馆、书店，生活所需一应俱全。马赛公寓的居住哲学反映了战后欧洲整个社会的精神风貌，而马赛公寓立面简单、明快和纯色的色块组合设计，也是战后整个设计界、艺术流派的用色趋势

B-43
G-17
R-44
Y-32
B-04
YR-13
N-10
PHILIPPE PARRENO
3 JUIN - 7 SEPTEMBRE 09
LAURENT GRASSO
PRIX MARCEL DUCHAMP 08
17 JUIN - 14 SEPT. 09

图 3.95

图 3-95～图 3-97 蓬皮杜艺术中心(Centre national d'art et de culture Georges-Pompidou),1971—1977 年。设计者: 伦佐•皮亚诺(Renzo Piano)，理查德•罗杰斯（Richard Rogers）和弗兰奇尼（Gianfranco Franchini）。摄影：张昕婕

蓬皮杜艺术中心的造型设计先锋，所有功能结构部件都采用不同颜色来区别。控制空调的管道是蓝色，水管是绿色，电子线路封装在黄色管线中，而自动扶梯及维护安全的设施（例如灭火器）则采用红色。在落成初期，因为怪异的模样而被民众诟病，然而设计界对它的评价却很高。设计师理查•罗杰斯后来赢得了 2007 年的普利兹克奖，《纽约时报》评价“蓬皮杜艺术中心令建筑界天翻地覆，罗杰斯先生因在 1977 年完成了高科技且反传统风格的蓬皮杜中心而赢得了声誉，尤其是蓬皮杜中心骨架外露并拥有鲜艳的管线机械系统”。如今这种骨架和结构外露的设计，早已渗透到家居设计中，并被冠以“工业风”这个风格名称

图 3-98

图 3-98 陈列于巴黎装饰艺术博物馆（Paris Musée des arts décoratifs）的现代主义风格家具。摄影：张昕婕
从左至右依次为：
旋转办公椅，1947 年。设计者：让 • 普鲁维（Jean Prouvé），法国人
椅子，1953 年。设计者：弗里索 • 克莱默（Friso Kramer），荷兰人
酒桶椅，1953 年。设计者：皮埃尔 • 古阿里切（Pierre Guariche），法国人
郁金香椅，1953 年。设计者：皮埃尔 • 古阿里切（Pierre Guariche），法国人

图 3-99 被嬉皮士涂鸦的大众甲壳虫汽车

20 世纪 50 年代末到 70 年代中期的美国嬉皮士文化，对当时的世界产生了极大的影响。嬉皮运动始于青少年，战后成长起来的年轻人在没有压力的环境下成长，更易接受平权、反战等思潮。自由的波希米亚文化成为嬉皮士崇尚的审美，嬉皮士的精神影响了包括甲壳虫乐队在内的欧洲摇滚圈，他们反过来影响了他们的美国同行。嬉皮文化在音乐、文学、戏剧、艺术、时尚和视觉艺术上都得到了表达，迷幻的色彩风格是它的符号

图 3-99

图 3-100 拉德芳斯广场喷泉（The Agam Fountain），1977 年。艺术家：亚科夫•阿加木（Yaacov Agam），摄影：张昕婕

以色列雕塑家和实验艺术家阿加木在欧普艺术（OP art）这一领域尤其著名。而他在法国巴黎的现代商业区拉德芳斯广场喷泉池底的马赛克作品，则最广为人知。欧普艺术是通过使用光学技术使人产生视觉错觉、视觉幻觉，营造出奇异的艺术效果的艺术形式。欧普艺术作品的内容通常是线条、形状、色彩的周期组合或特殊排列。艺术家利用垂直线、水平线、曲线的交错，以及圆形、弧形、矩形等形状的并置，引起观赏者的视觉错觉。20 世纪 60 年代至 70 年代，欧普艺术在服装、建筑、公共艺术领域得到广泛应用，是当时十分流行的图案和色彩元素

图 3-100

图 3-101

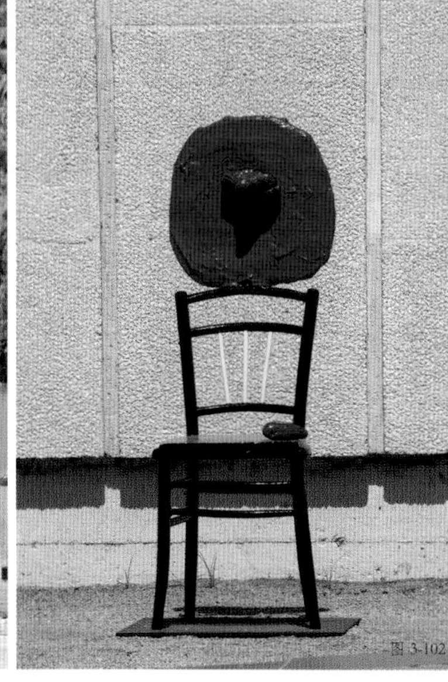
图 3-102

图 3-101 《逃离的女人》，西班牙米罗基金会美术馆藏。艺术家：胡安•米罗（Joan Miró）。摄影：张昕婕

图 3-102 《坐着的女人和孩子》，西班牙米罗基金会美术馆收藏。艺术家：胡安 · 米罗（Joan Miro）。摄影：张昕婕

图 3-103

图 3-104

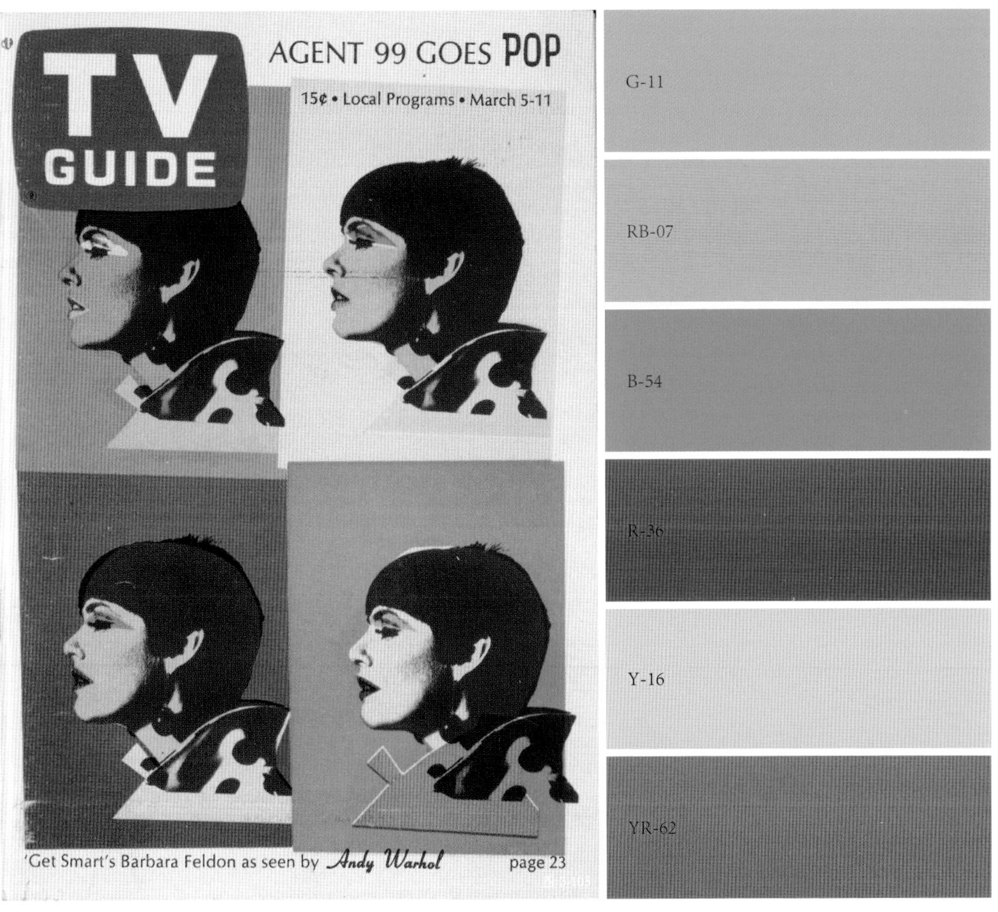

图 3-103《国王的悲伤》（The Sorrows of the King）局部，1952 年，剪纸、拼贴，法国蓬皮杜艺术中心藏。艺术家：亨利•马蒂斯（Henri Matisse），1869—1954 年，法国人。摄影：张昕婕

图 3-104《鹦鹉和美人鱼》（La Perruche et la Sirene），1952 年，剪纸、拼贴，荷兰阿姆斯特丹市立博物馆藏。艺术家：亨利•马蒂斯（Henri Matisse）

马蒂斯与毕加索一起被认为是定义 20 世纪视觉艺术革命发展的艺术家，他终其一生都在孜孜不倦地探索视觉艺术和色彩的创新，并对艺术、设计、时尚产生深远的影响，是现代艺术的领军人物。亨利•马蒂斯毕生都在尝试不同的绘画形式，1941 年马蒂斯罹患癌症，手术治疗后他的体力已经不足以支撑绘画和雕塑，于是在助手的帮助下，他开始创作剪纸拼贴。助手用水粉预涂不同颜色的纸张，马蒂斯再将纸张剪切成不同的形状，并重新布局，构成生动的图画。而这种用最简单的颜色和线条探索视觉之美的方式，对面料设计、家居产品外观设计等都产生了深刻的影响，我们现在看到的很多“北欧风格”家居图案的设计灵感都来源于此

图 3-105 电视指南（TV Guide）封面设计，1966 年。艺术家：安迪•沃霍尔（Andy Warhol），1928—1987 年，美国人

图 3-106 玛丽莲•梦露丝网印刷（Marilyn Diptych），1962 年。艺术家：安迪•沃霍尔（Andy Warhol）20 世纪 60 年代可以说是波普艺术发展的黄金时期。而作为波普艺术的代表人物，安迪•沃霍尔的丝网印刷作品，则带来了全新的色彩审美。大胆的颜色、可复制和多样的套色效果，成为波普艺术的象征，并在大众时尚中始终占有一席之地

图 3-107 草间弥生在其作品“无限镜屋”中，1965 年。艺术家：草间弥生
草间弥生的波点，不仅成为 60 年代的时尚图腾，更在今天持续影响着各个领域的产品设计

图 3-108 《Hi，Andy！》，1975 年，法国蓬皮杜艺术中心藏。艺术家：Mikhaïl Fedorov-Roshal。摄影：张昕婕

图 3-109

RB-12

图 3-109 马伦科扶手椅(Marenco Armchairs), 1970 年。设计者：马里奥·马伦科（Mario Marenco）

图 3-110 法国杂志上的服装成衣广告，1972 年

图 3-111 甲壳虫乐队在英国 BBC 制作的电视电影《神奇的神秘之旅》（Magical Mystery Tour）中的照片

图 3-112 航空旅行海报，1958 年。艺术家：大卫·凯文（David Klein）

图 3-113 20 世纪 70 年代的咖啡广告

图 3-110

Y-14

N-40

图3-111

YR-32

GY-03

RB-41

RB-26

BG-10

Y-14

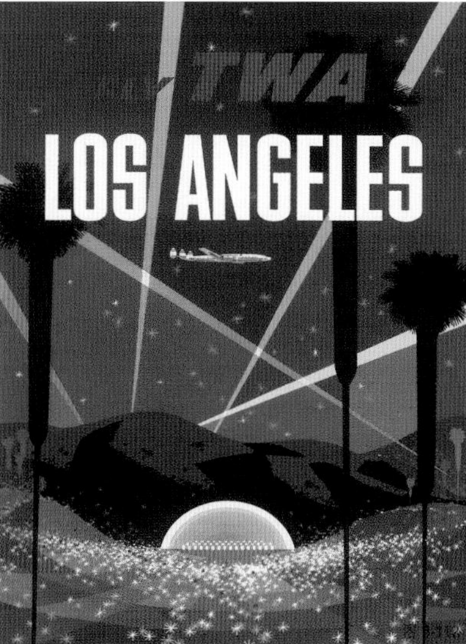

图3-112

图3-113

Red and Orange

温暖的红和橙

关键词：现代主义
格纹、波点
红色、橙色
Mid-centruy 风格

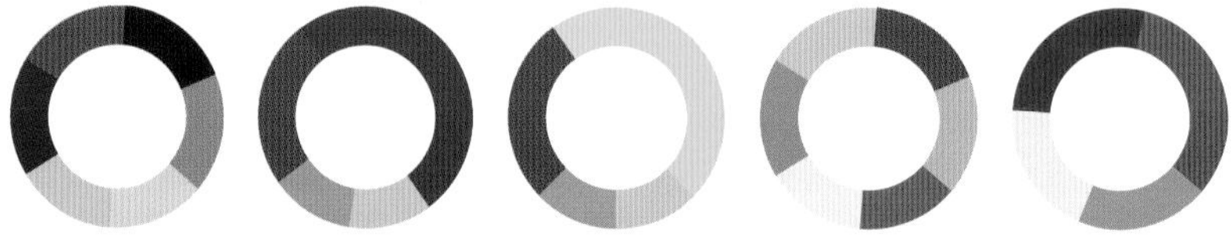

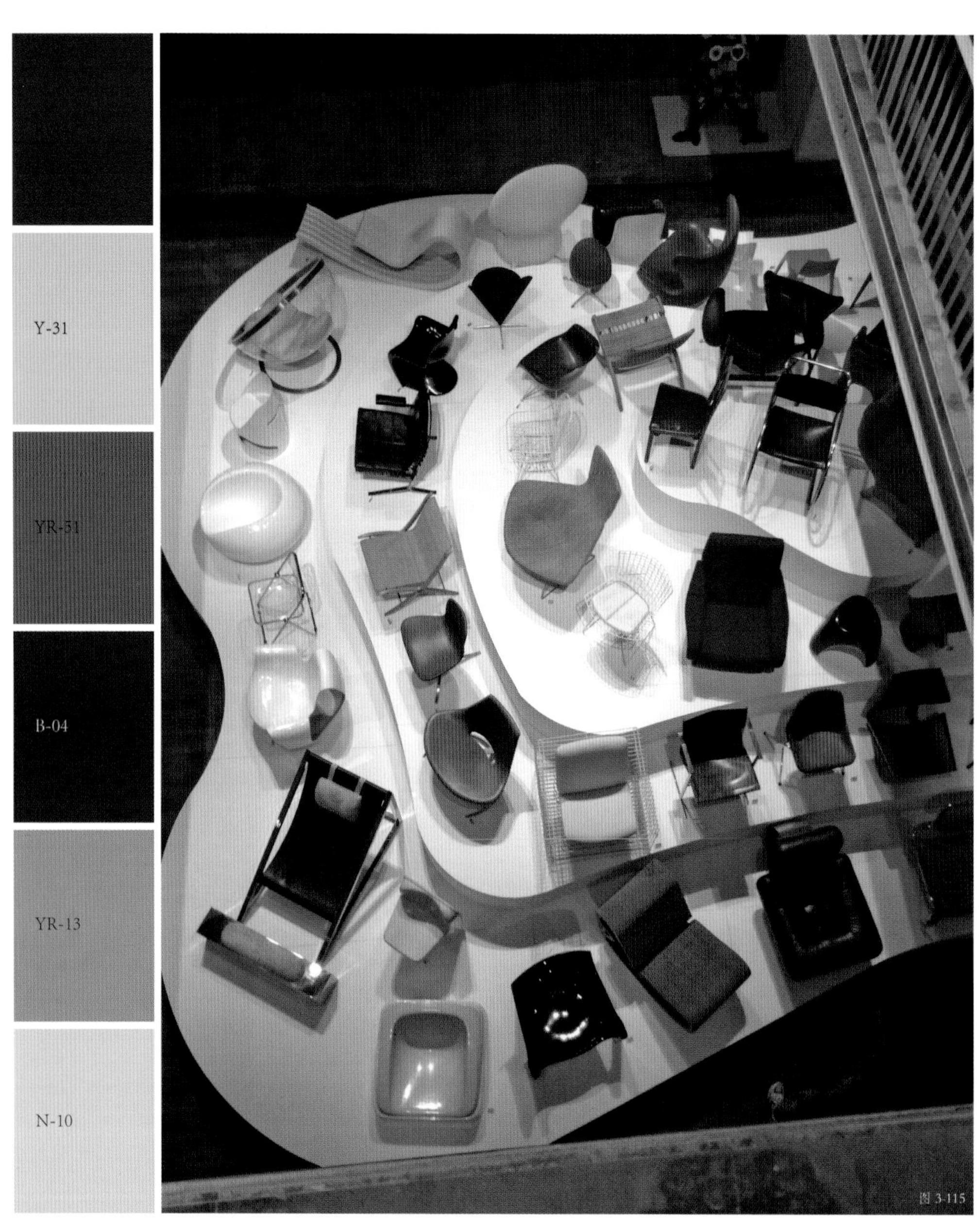

图 3-115 巴黎装饰艺术博物馆展示的 20 世纪 50—70 年代的家具

Y 椅（Y Chair），1949 年。设计者：汉斯·韦格纳（Hans J. Wegner）

椅（The Chair），1949 年。设计者：汉斯·韦格纳（Hans J. Wegner）

孔雀椅（The Peacock Chair），1947 年。设计者：汉斯·韦格纳（Hans J. Wegner）

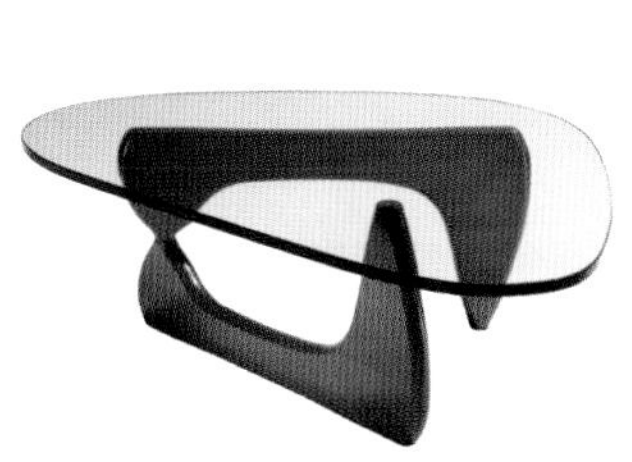

茶几（Coffe Table），1947 年。设计者：野口勇（Isamu Noguchi）

郁金香椅（Tulip Chair），1956 年。设计者：艾罗·沙里宁（Eero Saarinen）

LCW 椅（LCW Chair），1947 年。设计者：伊姆斯夫妇（Charles and Ray Eames）

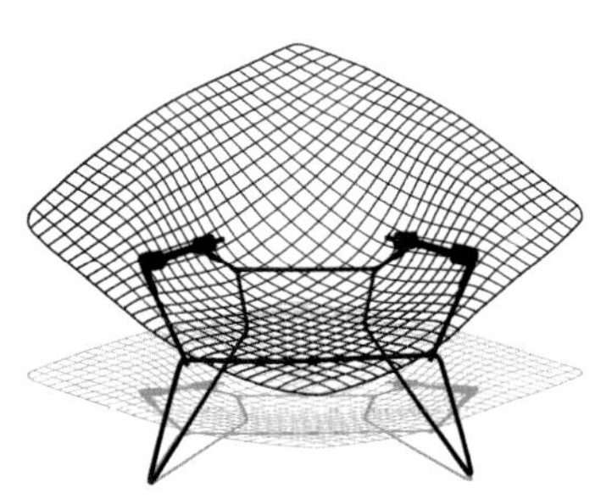

钻石椅（Diamond Chair），1952 年。设计者：哈里·贝尔托亚（Harry Bertoia）

女士椅（Lady Armchair），1951 年。设计者：马尔科·扎努索（Marco Zanuso）

椰壳椅（Coconut Lounge Chair），1955 年。设计者：乔治·尼尔森（George Nelson）

橘瓣椅（Orange Slice Chair），1960 年。设计者：皮埃尔•保兰（Pierre Paulin）

三角贝壳椅（Shell Chair），1963 年。设计者：汉斯•韦格纳（Hans J. Wegner）

谢纳椅（Cherner Chair），1957 年。设计者：诺曼•谢纳（Norman Cherner）

蛋椅（Egg Chair），1958 年。设计者：阿诺•雅各布森（Arne Jacobsen）

潘顿椅（Panton Chair），1960 年。设计者：维尔纳•潘顿（Verner Panton）

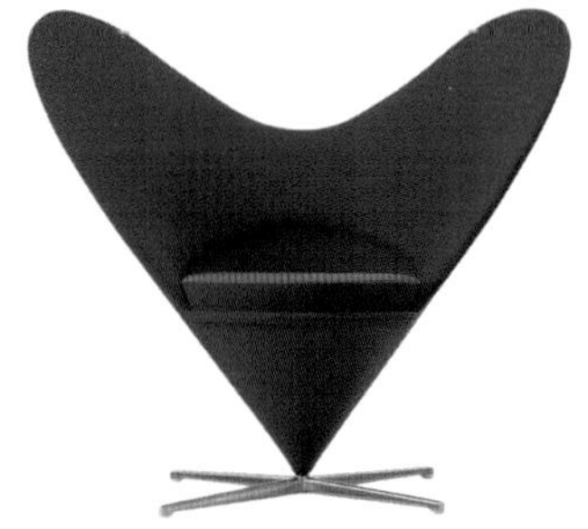

心形椅（Heart Cone Chair），1958 年。设计者：维尔纳•潘顿（Verner Panton）

伊姆斯椅（Eames Longchair），1956 年。设计者：伊姆斯夫妇（Charles and Ray Eames）

天鹅椅（Egg Chair），1958 年。设计者：阿诺•雅各布森（Arne Jacobsen）

猎人椅（Hunter Safari Chair），20 世纪 60 年代。设计者：Torbjörn Afdal

棉花糖椅（Marshmallow Sofa），1954 年。设计者：欧文•哈珀 (Irving Harper)

球椅(Ball Chair)，1962年。设计者：艾罗•阿尼奥（Eero Aarnio）

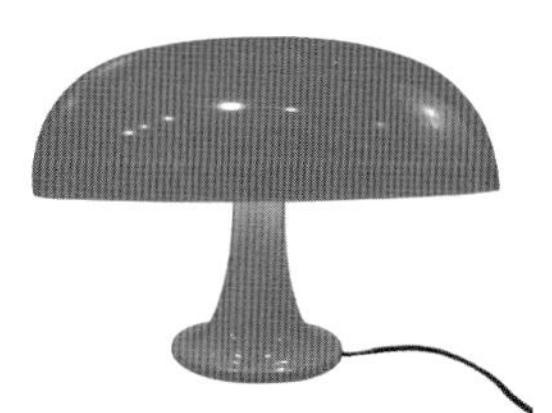
蘑菇台灯(Nesso lamp),1965年。设计者：阿特米德 (Artemide)

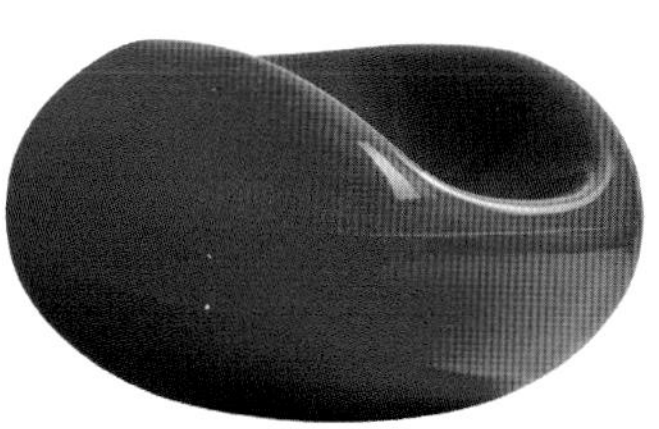
糖果椅(Pastil Chair)，1968年。设计者：艾罗•阿尼奥（Eero Aarnio）

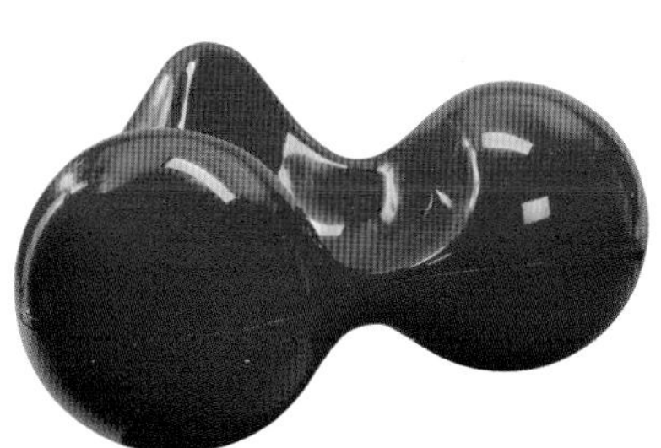
番茄椅（Tomato chair），1971 年。设计者：艾罗•阿尼奥（Eero Aarnio）

UP 系列扶手椅 (Serie UP)，1969 年。设计者：加埃塔诺•佩谢 (Gaetano Pesce)

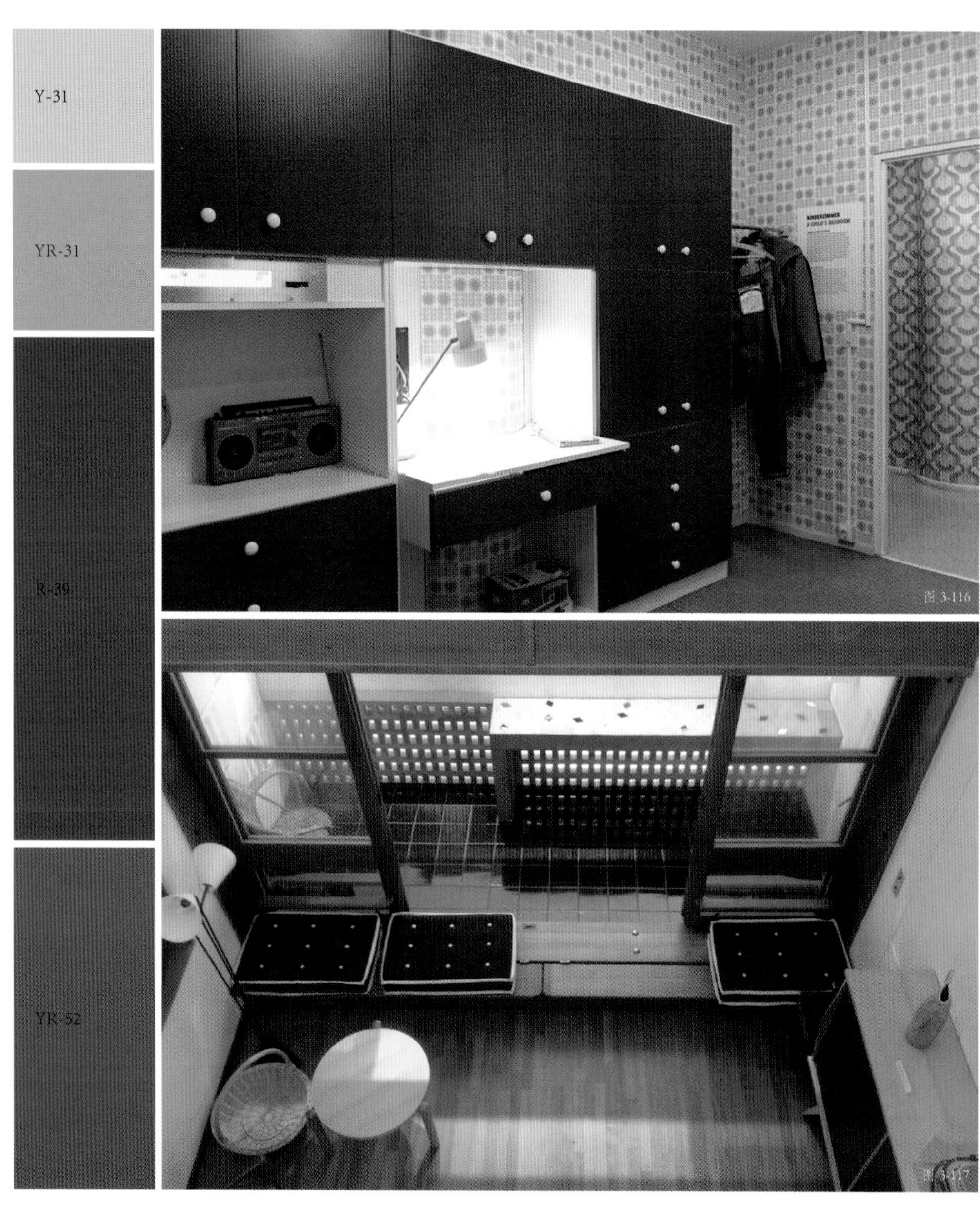

图 3-116 儿童房布置，20 世纪 60 年代至 70 年代在苏联控制下的东德家庭室内装饰的复原，柏林民主德国博物馆（DDR Museum）。摄影：张昕婕

图 3-117 法国马赛公寓内的室内陈设

图 3-118 20 世纪 50 年代至 60 年代风靡的典型的 Mid-century 风格的室内陈设。摄影：Cater Yang

图 3-119 玄关布置，20 世纪 60 年代至 70 年代在苏联控制下的东德家庭室内装饰的复原，柏林民主德国博物馆（DDR Museum）。摄影：张昕婕

图 3-120 20 世纪 60 年代的墙纸设计。摄影：Dominespics
墙纸中豌豆绿色、藏红花色，以及华丽迷幻的设计是这个时期十分常见和典型的设计图案

图 3-121
图 3-122
图 3-123

图 3-121 ～图 3-123 瑞典家居品牌宜家（Ikea）在 20 世纪 60 年代至 70 年代的产品目录封面

图 3-124 服装品牌迪奥 1973 年春夏高级定制套装 Bohan3.Adnan Ege Kutay 系列。设计者：Marc

图 3-125 20 世纪 60 年代最流行的服装图案、色彩和廓形

图 3-126、图 3-127 20 世纪 60 年代至 70 年代法国杂志上的时尚流行服饰。在这个时期，格纹、条纹、波点和暖色是时尚产品中的常见元素

图 3-124

图 3-125

图 3-126

图 3-127

Pastel

乐观的粉彩

关键词：现代主义
甲壳虫
反文化运动
粉彩

图 3-128 大众 Volkswagen Type2 面包车。摄影：Caleb George
德国大众汽车于 1950 年推出这款厢型车，作为现代厢式货车和客车的先驱之一，引发了 20 世纪 60 年代包括福特、道奇、雪弗兰等美国汽车品牌竞争者的效仿。与大众老甲壳虫汽车一样，Type2 在全球拥有众多的昵称，包括“microbus”和“minibus”。Type2 在 20 世纪 60 年代反文化运动中还被称作“嬉皮士车”，是年轻的嬉皮士们的生活方式标签。Type2、甲壳虫之所以会在年轻人中受欢迎，是因为在这场反大资产阶级、反越战、倡导平等与爱的运动中，体型较大的传统轿车被视为是腐朽的资本主义的象征。此时，体型小巧、耗油量低的日本车乘机在欧美市场崛起，成为先进价值观的代名词

BG-04

Y-06

RB-37

RB-29

Y-01

YR-13

图 3-129

图 3-130

图 3-129、图 3-130 道奇汽车，1956 年。摄影：Christopher Ziemnowicz

图 3-131 雪佛兰汽车，20 世纪 50 年代车型。摄影：Court Prather

图 3-132 克莱斯勒汽车，1951 年

与大众 Type2 这类小型车相对的是体型庞大，耗油量大的美国车型（图 3-129～图 3-132）。这种炫耀的、奢华的外形，在 20 世纪 60 年代的年轻人眼中，正是腐朽的、保守的文化象征。而在颜色方面，20 世纪 50 年代的汽车流行轻快的粉彩色。此时，二战后成长起来的“青少年”们成为汽车的重要消费群体，开车兜风在青少年眼里是一件必不可少的事，而生活在经济大发展，社会安定、和平、富足时代的年轻人偏爱明快、乐观的颜色，无论开的是小型车还是大型车

图 3-131

图 3-132

图 3-133 20 世纪 60 年代的旋转拨号电话机和照相机。摄影：Jim Chute。

图 3-134 德国科技博物馆展出的 20 世纪 60 年代台灯。摄影：张昕婕

图 3-135 厨房布置，20 世纪 60 年代至 70 年代在苏联控制下的东德家庭室内装饰的复原，柏林民主德国博物馆（DDR Museum）。摄影：张昕婕
浅淡的彩色也是那个时期西方国家厨房流行的配色方式

图 3-136 博朗（BRAUN）厨房搅拌器，20 世纪 50 年代。设计者：Reinhold Weiss。塑料制品在战后迅速发展，在当时的工业产品设计中塑料制品往往呈现浅淡柔和的色调

RB-01

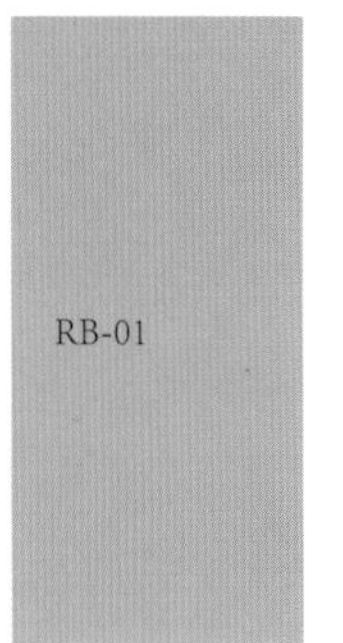

N-05

B-22

YR-37

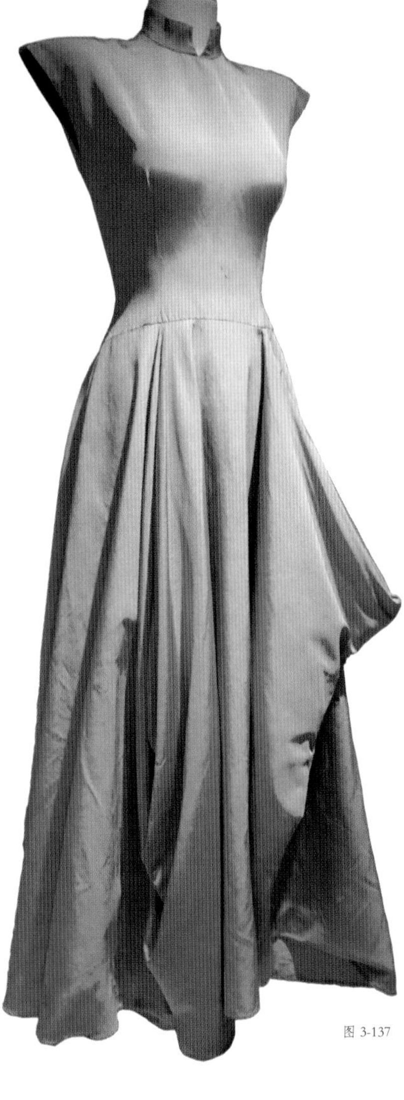

图 3-137

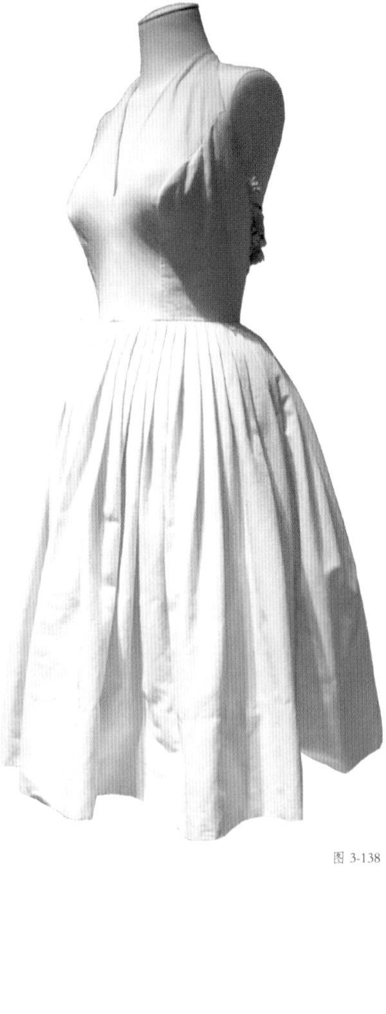

图 3-138

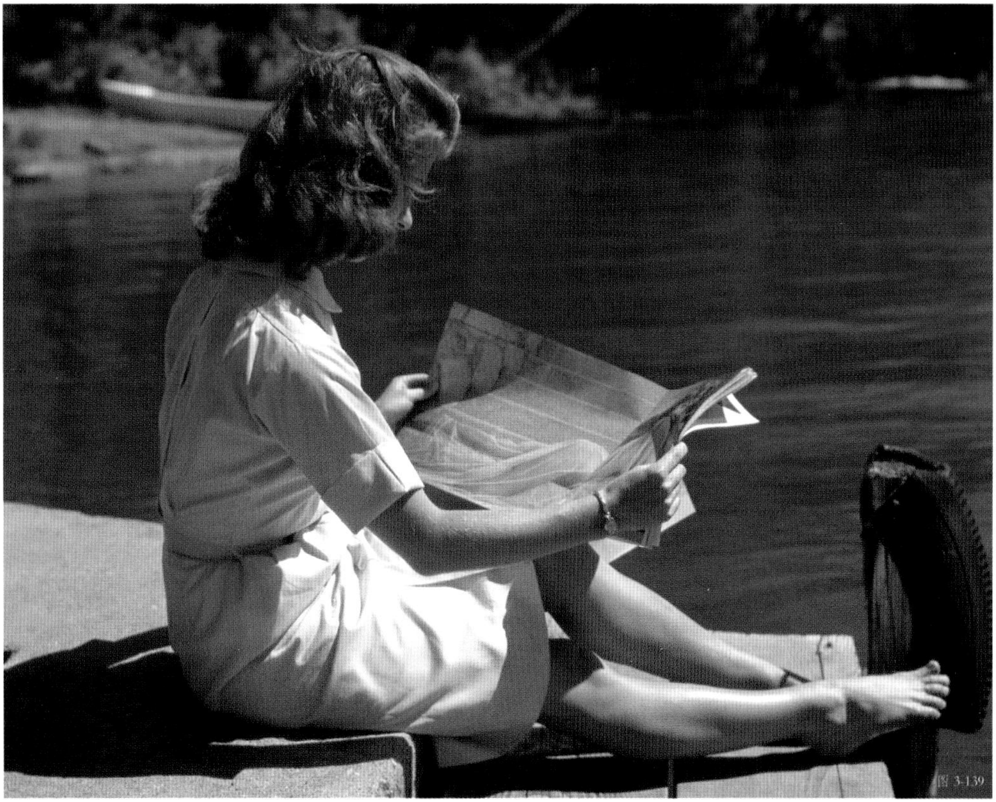

图 3-139

图 3-140

图 3-137、图 3-138 20 世纪 50 年代至 60 年代的裙装，中国丝绸博物馆藏。摄影：张昕婕

图 3-139 20 世纪 50 年代的时髦女性。摄影：Nathan Anderson

图 3-140 美国总统肯尼迪夫人杰奎琳女士的着装风格，她成了人们争相效仿的时尚偶像

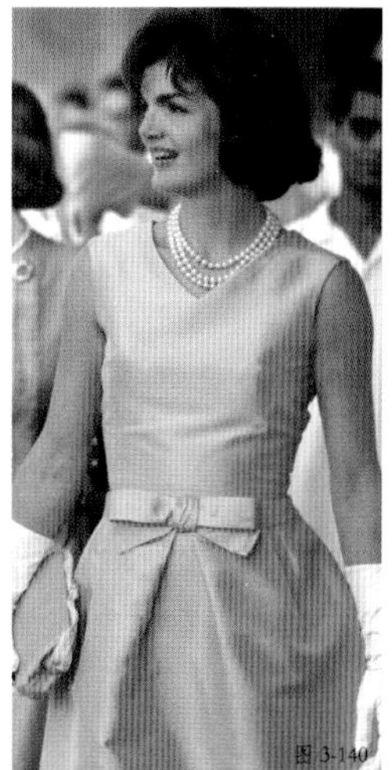

Contemporary Blue

当代的蓝

关键词：现代主义

产品常规经典色

当代蓝

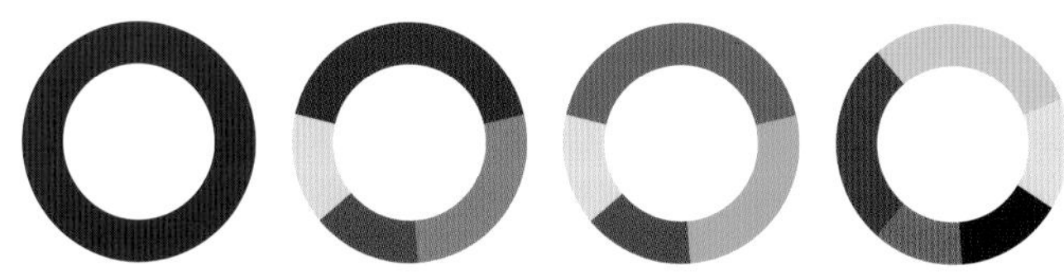

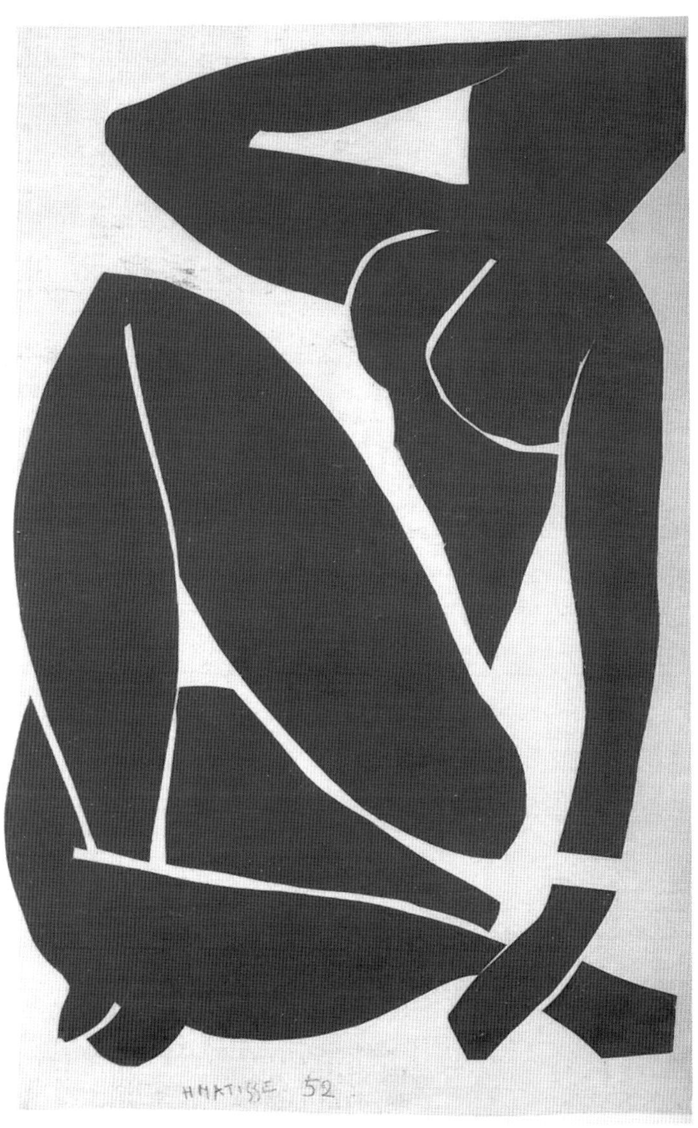

图 3-141《蓝色裸体三号》（Blue Nude Ⅲ），1952 年，剪纸，法国蓬皮杜艺术中心藏。艺术家：亨利•马蒂斯（Henri Matisse）
马蒂斯晚年因为病痛造成的身体限制，不再通过雕塑和绘画进行艺术表达，转而开始通过剪纸、拼贴这种相对省力的方式进行艺术创作，并由此延伸出平面化、轮廓化的视觉装饰形式。在这个时期，我们可以看到许多以蓝色为主题的作品，《蓝色裸体》是其中的典型代表

图 3-142 《IKB 191》，1962 年。艺术家：伊夫·克莱因（Yves Klein）
《IKB 191》是一幅单色画，画中鲜亮的宝石蓝被称为国际克莱因蓝（International Klein Blue），克莱因给这个颜色申请了专利，简称 IKB。从 1958 年开始，克莱因以 IKB 为主题开始了一系列的单色作品创作。由此他与安迪·沃霍尔、杜尚等艺术家齐名，成为 20 世纪后半叶对世界艺术贡献最大的艺术家之一，不仅改变了西方艺术的进程，也影响了日常消费品的审美

图 3-143《人体测量学绘画》(Anthropométrie "Le Buffle" ANT 93)，1960 年，法国蓬皮杜艺术中心藏。艺术家：伊夫·克莱因（Yves Klein）。摄影：张昕婕
1960 年 3 月，克莱因在巴黎举办“蓝色时代展 (Blue Epoch exhibition）”，开幕式展出大厅地面和墙面上铺着巨幅白色画布，三个赤裸身体的年轻女子用刷子将克莱因蓝颜料涂抹在自己身上，然后在克莱因的指挥下在地面的画布上翻滚、旋转、涂抹，并将身体贴、靠、按压挂在墙上的画布，身体形态和姿势的痕迹留在了画布上，最终这些运动轨迹形成了《人体测量学绘画》系列。这种原本冷静、平和的颜色，在现代工业和当代艺术理念之下，变得充满激情和力量，在设计领域引起了巨大反响，并对时尚行业产生了深远的影响

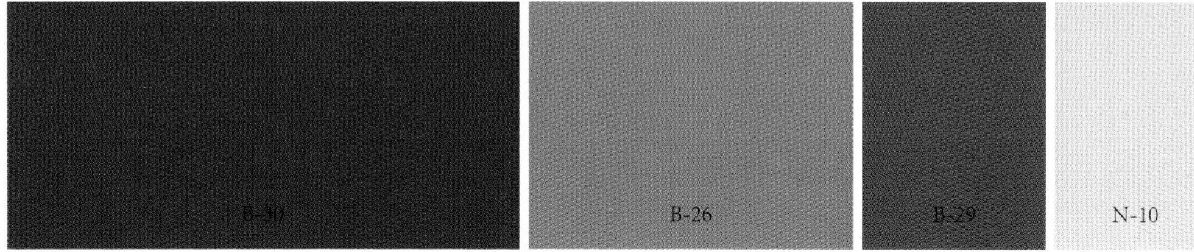

图 3-144 马蒂斯教堂（Chapelle du Rosaire de Vence）内部，1949—1951 年。建筑外观和内部装饰皆由亨利•马蒂斯（Henri Matisse）设计、绘制

图 3-145 马蒂斯教堂彩色玻璃细部
马蒂斯的教堂充满了宁静的蓝色，艺术家用最单纯的颜色、线条去探寻宗教最核心的本质。追寻内心与世界最直接的连接便是美的，这种美无关奢华，无关矫饰

图 3-146《波利尼西亚的天空》(Polynésie le ciel)，1946 年，法国蓬皮杜艺术中心藏。艺术家：亨利•马蒂斯 (Henri Matisse)。摄影：张昕婕

B-06

图 3-147

B-60

B-29

N-10

图 3-148

图 3-149

图 3-147 20 世纪 60 年代法国时尚杂志中的女装广告，1968 年。在模特的袜子上可以看到典型的欧普艺术元素

图 3-148 20 世纪 70 年代的流行服饰，拍摄于 1975 年。鲜艳的颜色和喇叭裤是当时最时尚的元素

图 3-149 20 世纪 60 年代欧普艺术风格女裙，中国丝绸博物馆藏。摄影：张昕婕

图 3-150 吊灯，20 世纪 60 年代。设计者：保罗·汉宁森（Poul Henningsen）

图 3-151、图 3-152 瑞典家居品牌宜家（Ikea）在 20 世纪 60 年代至 70 年代的产品目录封面

二战后至 20 世纪 70 年代流行色的当代演绎

二战后至 20 世纪 70 年代是西方经济大发展的时期，高度发达的工业化社会、安定富足的生活、科技的发展，带来饱和的、简洁的、未来主义的色彩倾向。而以波普艺术为代表的当代艺术，对大众的时尚生活逐渐产生影响。在室内设计方面，20 世纪中期现代风格（Mid Centure Modern）的影响延续至今，我们将这一风格与这一时期的流行色结合起来，便可以呈现出复古又时髦的当代趣味。

图 3-153

图 3-153 二战后至 20 世纪 70 年代流行色在当代家居设计中的运用

图 3-154 二战后至 20 世纪 70 年代流行色在当代家居设计中的运用

图 3-155

图 3-155 二战后至 20 世纪 70 年代流行色在当代家居设计中的运用

ABC
AREA CODE 904
OPERATOR
WXY
TUV

图 3-156

Y-09	B-45	R-15	G-07	YR-41	N-05

图 3-156 二战后至 20 世纪 70 年代流行色在当代家居设计中的运用

20 世纪 80 年代至 21 世纪初
——洗净铅华

时代大事件

1. 20 世纪 70 年代末，街机（置于公共娱乐场所的经营性专用游戏机）和视频游戏越来越受欢迎。1981 年，电子游戏业巨头任天堂（Nintendo）发行的《大金刚》（Donkey Kong）成为热门游戏，随后《超级马里奥兄弟》系列游戏大热。视频游戏是 20 世纪 80 年代至 21 世纪初年轻人的时尚娱乐方式之一。

2. 20 世纪 80 年代，电脑从一个业余爱好者的玩具转变为完全成熟的消费产品。

3. 20 世纪 70 年代后期发明的随身听和扬声器，在 20 世纪 80 年代早期被引入各个国家，并且大受欢迎，对音乐产业和青年文化产生了深远的影响。

4. 20 世纪 70 年代末，建筑设计的主流不再是 20 世纪 50 年代至 60 年代鲜艳、乐观的色彩和未来主义倾向，棕色、米色、木质装饰逐渐成为人们的首选，去色彩化的倾向反映了世界经济低迷的时代背景下人们对未来的期望不再持有饱满的乐观情绪。

5. 20 世纪 80 年代早期，严重的全球经济衰退影响了许多发达国家。

6. 20 世纪 90 年代开始，可持续发展和环境保护成为各国政府和国际社会面临的严重问题。“环保、自然”成为艺术、设计、时尚、影视等文化产业关注的话题。

7. 1990 年柏林墙被拆除，1991 年苏联解体，冷战结束，世界进入新的秩序。

8. 20 世纪 90 年代，是第三波女权运动的高潮。

9. 20 世纪 90 年代，手机逐渐成为人们的日常生活工具，并在此后的 20 多年间发展为构成人们生活方式最重要的媒介。

10. 日本设计在这个时期继续崛起，其设计中的禅意、自然主义哲学等理念，对西方的产品设计产生了极大的影响。

……

进入 20 世纪 90 年代，在经济低迷、生态环境恶化的现状下，产品、建筑设计都趋于去色彩化。而此时进一步崛起的日本艺术和设计时尚，因为倡导空灵、禅意、极简主义理念，与整体设计氛围不谋而合，于是，这股自然主义、无彩色的风潮一直延续。而与之对应的是由音乐偶像带来的多彩时尚，以及第三次女性平权运动带来的女装革命——宽大的垫肩、如同男装般的套装、具有冲击力的颜色等。在艺术领域，波普运动带来的影响依旧深远，视觉艺术进一步扁平化、平民化，涂鸦、卡通之类的作品，与时尚的结合越来越紧密。

Grey

金属灰和自然主义

关键词：日本设计崛起
禅意空间
极简主义
自然主义
去色彩化

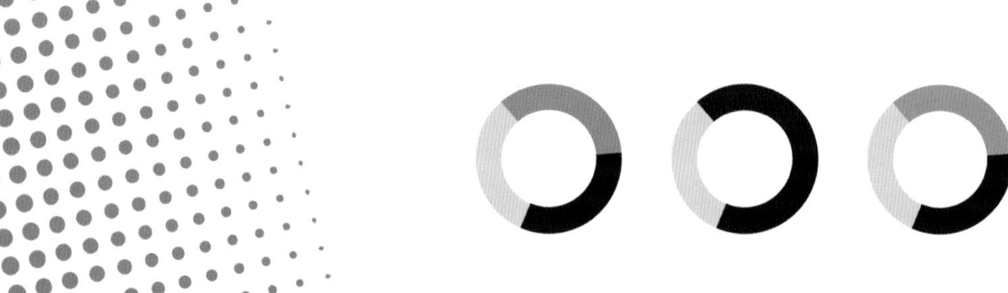

图 3-157 西班牙毕尔巴鄂古根海姆美术馆（Guggenheim Museum Bilbao），1993—1997 年。设计者：弗兰克·盖里（Frank Gehry）。摄影：张昕婕

图 3-158 西班牙毕尔巴鄂古根海姆美术馆（Guggenheim Museum Bilbao），1993—1997 年。设计者：弗兰克·盖里（Frank Gehry）。摄影：张昕婕

弗兰克·盖里是美国后现代主义及解构主义建筑师，以设计具有奇特不规则曲线造型、雕塑般外观的建筑而著称，其中最著名的建筑为毕尔巴鄂古根海姆美术馆。美术馆立面由钛金属打造，在光线下产生如同鱼鳞般的光泽，建筑造型则让人联想到毕加索的立体派作品。而这两点可以说是盖里作品的标签——堆砌的、类似于立体派绘画的结构体块，以及粼粼闪光的立面。这种对二战后占主导地位的现代主义建筑的反叛和颠覆，不仅影响了此后的建筑设计走向，也给时装设计带来了巨大的影响。此后的建筑设计，尤其是进入 21 世纪后的建筑设计，建筑表面肌理更富于有机感，以至于人们开始称建筑立面为“建筑表皮”。这一特点，在 2010 年的上海世界博览会上得到了集中体现；而在时装设计上，设计师们也越来越追求技术创新带来的面料肌理丰富性，以及新的裁剪方式

图 3-159 日本直岛地中美术馆，2004 年。设计者：安藤忠雄。摄影：张昕婕

与弗兰克·盖里的后现代主义相对的，是以安藤忠雄为代表的现代主义建筑师的一系列作品。因为能快速解决住房建造问题，火柴盒式的水泥预制件集合住宅在战后的欧洲得到了长足发展，由此带来的清水混凝土建筑，也在以勒·柯布西耶为代表的现代主义建筑大师手中得到发展。而安藤忠雄则在此基础上发展出极致简约的空间语言，毫无装饰和曲面的清水混凝土立面，成了安藤忠雄的风格标签。这种标签在 20 世纪 80 年代到 21 世纪初，一直是崇尚极简主义的建筑师们的追求，而这种极简主义，也成为日式设计的代名词之一

图 3.159

图 3-160 ～图 3-162 贝尼斯之家酒店（Benesse House），1992 年。设计者：安藤忠雄。摄影：张昕婕

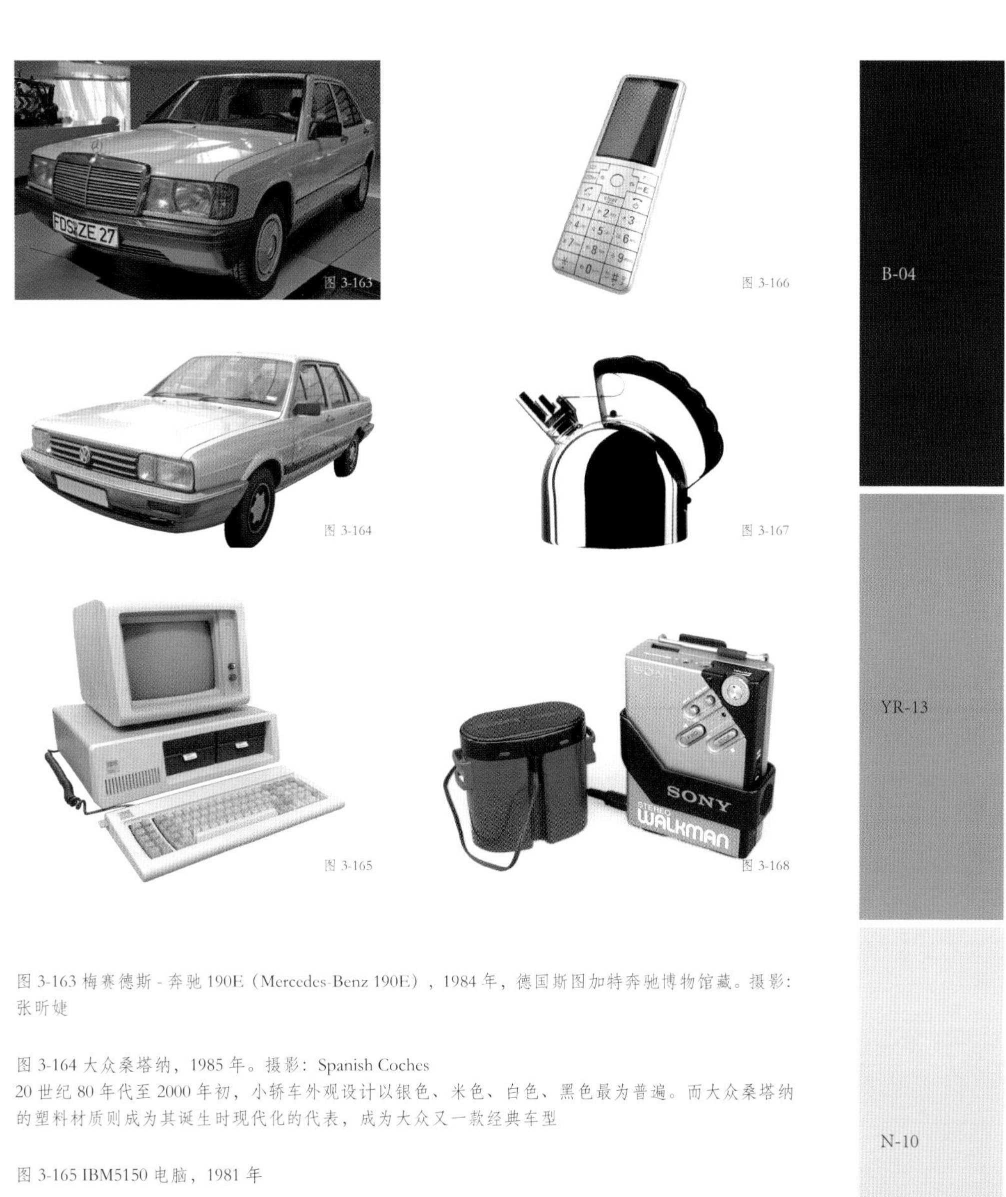

图 3-163
图 3-166
图 3-164
图 3-167
图 3-165
图 3-168

图 3-163 梅赛德斯 - 奔驰 190E（Mercedes-Benz 190E），1984 年，德国斯图加特奔驰博物馆藏。摄影：张昕婕

图 3-164 大众桑塔纳，1985 年。摄影：Spanish Coches
20 世纪 80 年代至 2000 年初，小轿车外观设计以银色、米色、白色、黑色最为普遍。而大众桑塔纳的塑料材质则成为其诞生时现代化的代表，成为大众又一款经典车型

图 3-165 IBM5150 电脑，1981 年

图 3-166 INFOBAR 2 手机，2003 年。设计者：深泽直人

图 3-167 鸣叫烧水壶（Aless9091），1983 年。设计者：理查德 • 萨珀 (Richard Sapper)

图 3-168 索尼随身听 WM-2 （Sony Walkman WM-2 ），20 世纪 80 年代早期。摄影：Esa Sorjonen

图 3-169 月亮有多高(How high the Moon)沙发椅,1986年,法国蓬皮杜艺术中心藏。设计者: 仓俣史朗(Shiro kuramata),1934—1991年。摄影: Sailko

图 3-170 20世纪90年代女士服装。20世纪90年代大垫肩、宽松的女士套装,是现代主义和女权风潮在服装上的体现。图片来源: fashion-picture.com

图 3-171 三宅一生(Issey Miyake)作品,1985年,材质:棉、尼龙、麻,美国纽约大都会博物馆藏
三宅一生以极富工艺创新的服饰设计闻名于世。20世纪80年代后期,三宅一生开始试验一种制作新型褶状纺织品的方法,这种织料不仅使穿戴者感觉灵活和舒适,并且生产和保养也更为简易,这种新型的技术最后被称为"三宅褶皱",也称"一生褶"。三宅一生关注布料与人体的相互作用,让褶皱的面料在穿着之后呈现出建筑的结构性,这种肌理和结构表现出克制的单一和丰富的变化两种截然不同的视觉感受,为其他领域的设计师带来无限灵感

图 3-172、图 3-173 Calvin Klein 1994年春季系列。CK的简约风格吊带裙是20世纪90年代至21世纪初的时尚单品

图 3-170

图 3-171

图 3-172

图 3-173

图 3-174 贝尼斯之家酒店 (Benesse House) 客房内部，1992 年。设计者：安藤忠雄。摄影：张昕婕

图 3-175 无印良品（MUJI）门店。摄影：Calton
无印良品刚进入中国市场时，被视为小资情调和高尚生活方式的象征，如今在大众心中是“性冷感”的代表，其设计理念被广为接受，正是时代背景下空灵、极简备受推崇的表现

图 3-176、图 3-177 宜家（Ikea）产品目录封面。图片来源：laboiteverte.fr

图 3-175

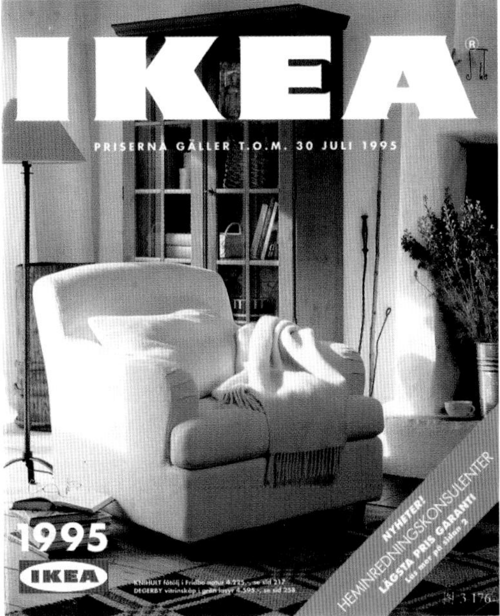

图 3-176

图 3-177

Iridescence

炫彩霓虹

关键词：舞台效果、霓虹
女权
涂鸦艺术
扁平化

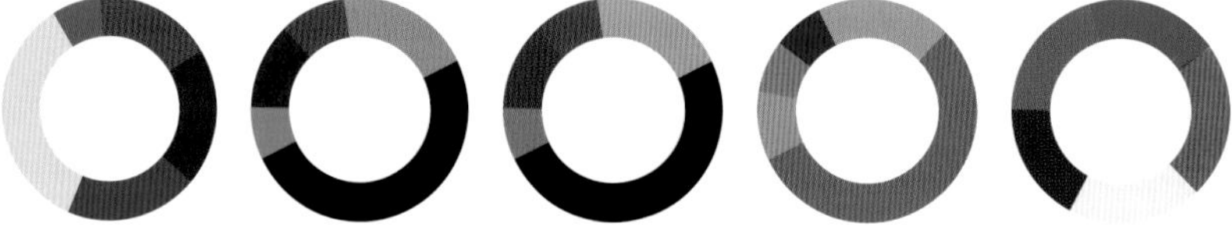

图 3-178 法国巴黎拉德芳斯广场中的马赛克装置艺术，1982 年。艺术家：米歇尔·德维尔尼（Michel Deverne）。摄影：张昕婕

BG-14
B-13
N-10

图 3-179 法国巴黎拉德芳斯广场中的马赛克装置艺术。1982 年，艺术家：米歇尔•德维尔尼（Michel Deverne）。摄影：张昕婕

图 3-180 1992 年，迈克尔•杰克逊（Michael Jackson）在“危险（Dangerous）”世界巡回演唱会欧洲站的演出。20 世纪 80 年代至 90 年代闪耀的舞台表演造型也带来了闪亮的服饰时尚

BG-18

RB-05

图 3-181

图 3-181 女士套装，1999 年，中国丝绸博物馆藏。设计者：约翰•查尔斯•加利亚诺（John Charles Galliano）。摄影：张昕婕

图 3-182 20 世纪 80 年代末的青少年流行装扮。摄影：Tom Wood

图 3-183 宜家（Ikea）产品目录封面。图片来源：laboiteverte.fr

图 3-184 20 世纪 90 年代杂志上的女士套装广告。图片来源：retrowaste.com

图 3-185 女裙，1985—1986 年，中国丝绸博物馆藏。设计者：让 - 路易•雪莱（Jean-Louis Scherrer）。摄影：张昕婕

图 3-182

图 3-183

图 3-184

图 3-185

图 3-186
图 3-187
图 3-188

图 3-186、图 3-187 宜家（Ikea）产品目录封面。图片来源：laboiteverte.fr

图 3-188 辣妹（Spice Girls）“Say You'll Be There”演唱会现场，1997 年。摄影：Melanie Laccohee

图 3-189 西班牙巴塞罗那街头墙面涂鸦。这幅墙绘是艺术家基思•哈林（Keith Haring）作品的复制品

图 3-190 红狗雕塑。艺术家：基思•哈林（Keith Haring），1958—1990 年

图 3-191 德国乌尔姆威索艺术馆（Kunsthalle Weishaupt）前的红狗雕塑，1987 年。艺术家：基思•哈林（Keith Haring）
哈林是美国新波普艺术家，活跃于 20 世纪 80 年代，最早是街头涂鸦艺术家，绘画风格简单直接，颜色往往是基础的纯色，总是几种固定的图案不停重复，画风很卡通，呈现出完全的“扁平化”特征，与其他涂鸦艺术家有很大的区别。这种形式可以在日本艺术家村上隆的作品中看到进一步的发展。而“扁平化”也是进入 21 世纪以来，在设计的各个领域，尤其是平面设计领域备受推崇的设计风格

图 3-189

图 3-190

图 3-191

Minimalist colofaul

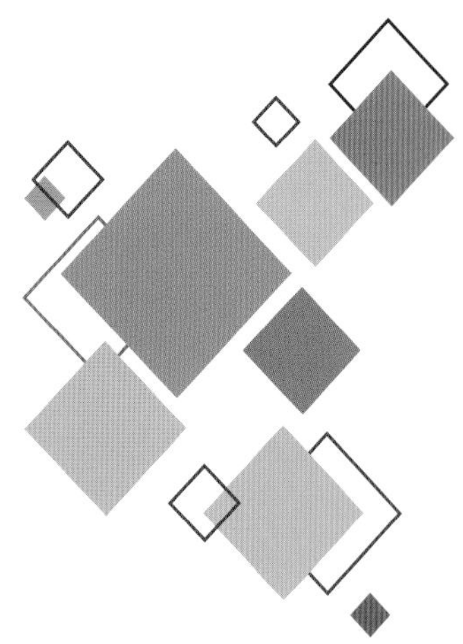

极简的多彩

关键词：轻柔粉彩
极简造型
去性别化

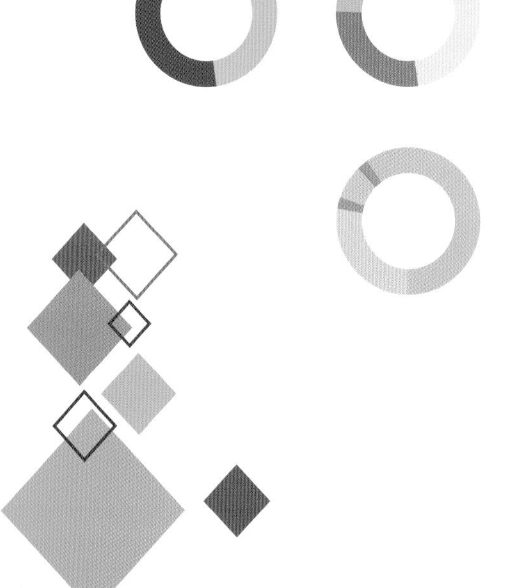

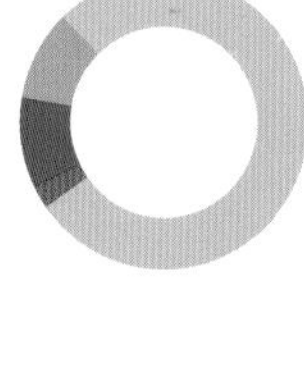

图 3-192 美国海滨城市迈阿密“装饰艺术街区”中的建筑。摄影：Jason Briscoe

图 3-193

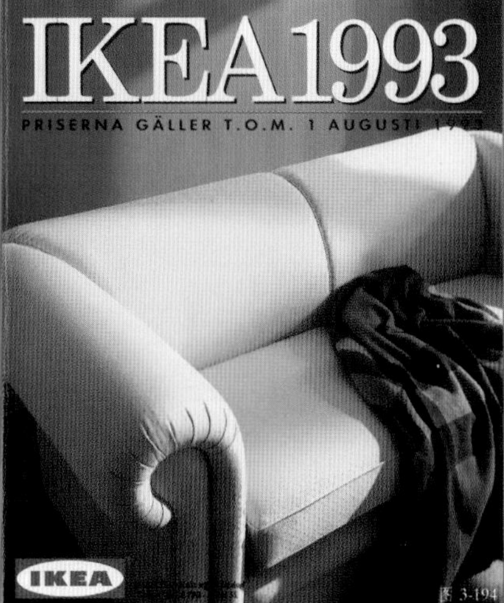

图 3-194

Y-25

图 3-195

图 3-196

图 3-197

GY-11

图 3-193 Tom Vac 椅，1999 年，品牌：Vitra。设计者：罗恩·阿拉德（Ron Arad）。摄影：Sailko

图 3-194 宜家（Ikea）产品目录封面。图片来源：laboiteverte.fr

图 3-195 Tobia 热水瓶，1996 年，品牌：Fratelli Guzzini

图 3-196 Maui 椅，1996 年，品牌：Kartell。设计者：Vico Magistretti

图 3-197 小姐椅（mademoiselle chair），品牌：Vitra。设计者：Philippe Starck

GY-05

图 3-198 美国海滨城市迈阿密“装饰艺术街区”中的建筑。摄影：Francesca Saraco

YR-34

R-27

BG-09

R-14

图 3-199

图 3-200

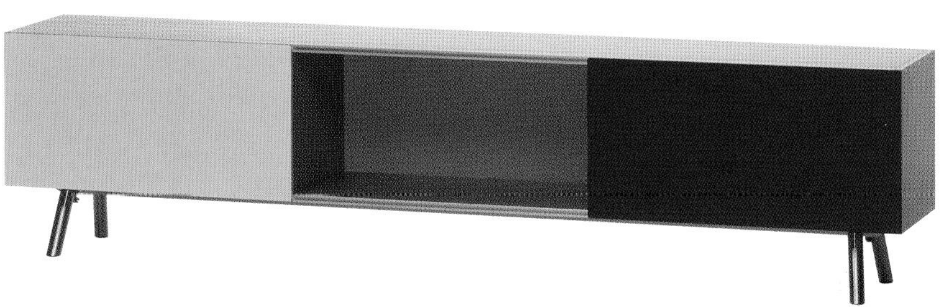

图 3-201

图 3-199 美国海滨城市迈阿密“装饰艺术街区”中的建筑。摄影：Josh Edgoose
迈阿密的装饰艺术街区是一个历史保护街区，在这个街区中集中了大量的 20 世纪 20 年代装饰艺术盛行时期建造的建筑。20 世纪 70 年代芭芭拉•拜耳•卡皮特曼（Barbara Baer Capitman）带领一批设计师发起了对这个街区建筑立面的修复和保护运动，现在看到的建筑立面颜色，就是在那个时期更新的。需要强调的是，这场建筑立面修复运动，并没有复原这些建筑在建造之初的立面色彩，而是依照 20 世纪 70 年代的审美，重新涂刷颜色。因此这个街区的建筑立面皆为明亮的粉彩色，与海滨街区的休闲气氛十分相宜

图 3-200 植物椅（vegetal chair），2008 年，品牌：Vitra。设计者：Ronan &Erwan Bouroullec

图 3-201 卡斯特储物柜（Kast 1 HU），2005 年，品牌：Vitra。设计者：Maarten Van Severen

家居软装流行色趋势获取渠道

家居行业主要的国际展会与流行色趋势获取渠道

T 台、建筑对家居产品流行趋势的启发

适合你的颜色，才是世界上最美的颜色。

——可可·香奈儿（Coco Chanel）

家居行业主要的国际展会与流行色趋势获取渠道

家居流行色趋势是整个消费品市场流行色趋势的一部分，服饰、电器甚至建筑的流行，都与家居流行色趋势有关。而整个消费品市场的流行趋势，又与当下人们生活方式密切联系。关注家居流行色，灵活应用家居流行色，让流行色为设计加分，需要对周遭的一切保持足够敏锐的观察。而对于初出茅庐者，有哪些方便、容易入手又客观的渠道呢？首先，我们需要对行业中高口碑的展会有所了解。对于当下的家居产品市场，想要了解更为前沿和直接的信息，高规格的国际展会是最方便的渠道。这里我们着重介绍巴黎家居装饰博览会、巴黎装饰艺术展、法兰克福家纺展等国际知名家居产品交易博览会。

图 4-1

巴黎家居装饰博览会

创立时间：1995 年

举办频率：一年两次

举办时间：每年的 1 月和 9 月

展会侧重：家居生活方式、家居软装、新锐设计、家居软装综合趋势主题发布、流行色、家居饰品等

官网：maison-objet.com

巴黎家居装饰博览会（Maison& Objet）是国际上最重要的家居产品展会之一。作为一个侧重家居软装、饰品的交易博览会，来自各个国家的家居产品品牌、设计工作室，都会在展会中竭尽所能地展示出自己最高水平的产品设计和整体搭配，室内设计从业者在展会中可以集中地看到最时尚、最潮的国际室内设计、建筑、生活方式和文化的发展趋势。

家居室内设计、软装设计、产品设计的从业者，在巴黎家居装饰博览会中可以重点关注两大主题，即：家居软装趋势主题、流行色表现和应用主题。

图 4-2

图 4-3

图 4-1 2017 年法国巴黎街头买手店陈列。摄影：张昕婕

图 4-2、图 4-3 2017 年 1 月的巴黎家居装饰博览会场景

家居软装趋势主题

图 4-4

每一次的巴黎家居装饰博览会都会发布最新的家居软装趋势主题。主题在展会开始前便会在博览会官方网站公布，而在博览会期间，可以在专门的趋势主题馆看到这一趋势主题下的家居产品陈设。例如，2017 年 1 月的巴黎家居装饰博览会发布的趋势主题为“寂静（Silence）”。主题所要表达的是当代快节奏、大压力的城市生活中，人们被手机通信、即时聊天软件、社交网络平台包围，更加难以寻得片刻宁静。“家”应是一个让人恢复平静、积蓄力量、休养生息之地，而这一需求在当代显得越来越迫切。因对“沉默”的生活方式的追求，审美趋向于简洁、轻盈。因此，未来的家居产品趋势应是去除无意义的装饰，在“断、舍、离”的理念之下，无意义的欲望被舍弃。简洁的材质、抽象几何、透明性、线框结构、空灵的色调、黑色与白色构成“寂静”主题下的家居，用敏感、独立和优雅空间，去重建内心的宁静。而趋势主题馆，则通过甄选的产品，打造这种感性、诗意、和谐而奢华的极简主义。从中我们可以看到东方禅意的体现，也就不难理解为什么近些年中式的、禅意的空间成为家居软装中越来越受欢迎的风格。

图 4-5

图 4-6

图 4-7

图 4-8

图 4-4 2017 年 1 月巴黎家居装饰博览会的“寂静（Silence）”主题。图片来源：maison-objet.com

图 4-5 ～图 4-8 2017 年 1 月巴黎家居装饰博览会“寂静”趋势主题馆中，通过家居产品陈设对主题的具象化解释。摄影：张昕婕

巴黎家居装饰博览会的趋势主题并不会提出具体的流行色，但包括图案、材质、色彩在内的所有趋势元素，都可以通过产品的陈设清晰地感受到。如“寂静”主题下的一个重要的颜色就是绿色，以及与绿色共同造成空灵感的青色、蓝色、蓝灰色、白色等。而潘通公司在当年发布的年度色是“草木绿”。

巴黎家居装饰博览会的家居软装趋势主题不仅会在展会上以陈设的方式展示出来，还会将灵感和产品推介结集成册。趋势主题册中包括对主题的解释，以及在此主题下可应用的图案、材质、色彩，甚至图案画稿，同时也会将搭配意向中的产品品牌罗列出来。

图 4-9

图 4-10

图 4-11

图 4-9 ～图 4-13 2016 年 9 月巴黎家居装饰博览会趋势主题手册“游戏屋（House of Game）”。摄影：张昕婕

图 4-14、图 4-15 2017 年 1 月巴黎家居装饰博览会中商家展出的产品及陈设。摄影：张昕婕

图 4-12

图 4-13

图 4-14

4-15

趋势主题是否真的对软装设计具有指导作用呢？ 2016 年 9 月的巴黎家居装饰博览会推出的趋势主题为“游戏屋”，在这个主题下，格纹、强对比的色彩，成为主要的流行元素，而在 2017 年 1 月的巴黎家居装饰博览会以及品牌家居门店的陈列中，就看到了大量的千鸟格格纹、色彩对比较强的格纹元素、格纹与质地完全不同材质的组合。

图 4-16
图 4-17
图 4-18
图 4-19

图 4-20

图 4-21

图 4-16 ~图 4-19 在 2017 年 1 月的巴黎家居装饰博览会上，格纹图案的家具饰面是一个显著的特点。而格纹与其他纯色或反差巨大的肌理组合，是另一个有趣的趋势。摄影：张昕婕

图 4-20、图 4-21 2017 年 1 月在巴黎最著名的家居产品买手店 Merci，可以看到千鸟格、网状格纹等多种格纹元素的产品组合陈列。摄影：张昕婕

图 4-22、图 4-23 在法国主流家具品牌“Ligne-Roset”2017 年 1 月的产品陈列中，也可以看到这种多样的格纹元素产品，以及产品组合陈列。摄影：张昕婕

图 4-22

图 4-23

流行色表现和应用主题

巴黎家居装饰博览会的趋势主题虽然不会直接给出确定的流行色，但在展会中还是会有一块专门的色彩趋势表现和应用区域。

图 4-24

图 4-24～图 4-27 2017 年巴黎家居装饰博览会中的流行色表现和应用。摄影：张昕婕

图 4-28 ～图 4-30 2017 年巴黎家居装饰博览会中的流行色表现和应用。摄影：张昕婕

图 4-31 图 4-32 图 4-33

图 4-31 ～图 4-33 2017 年巴黎家居装饰博览会中的流行色表现和应用。摄影：张昕婕

图 4-34 ～图 4-36 2017 年巴黎家居装饰博览会中的流行色表现和应用。摄影：张昕婕

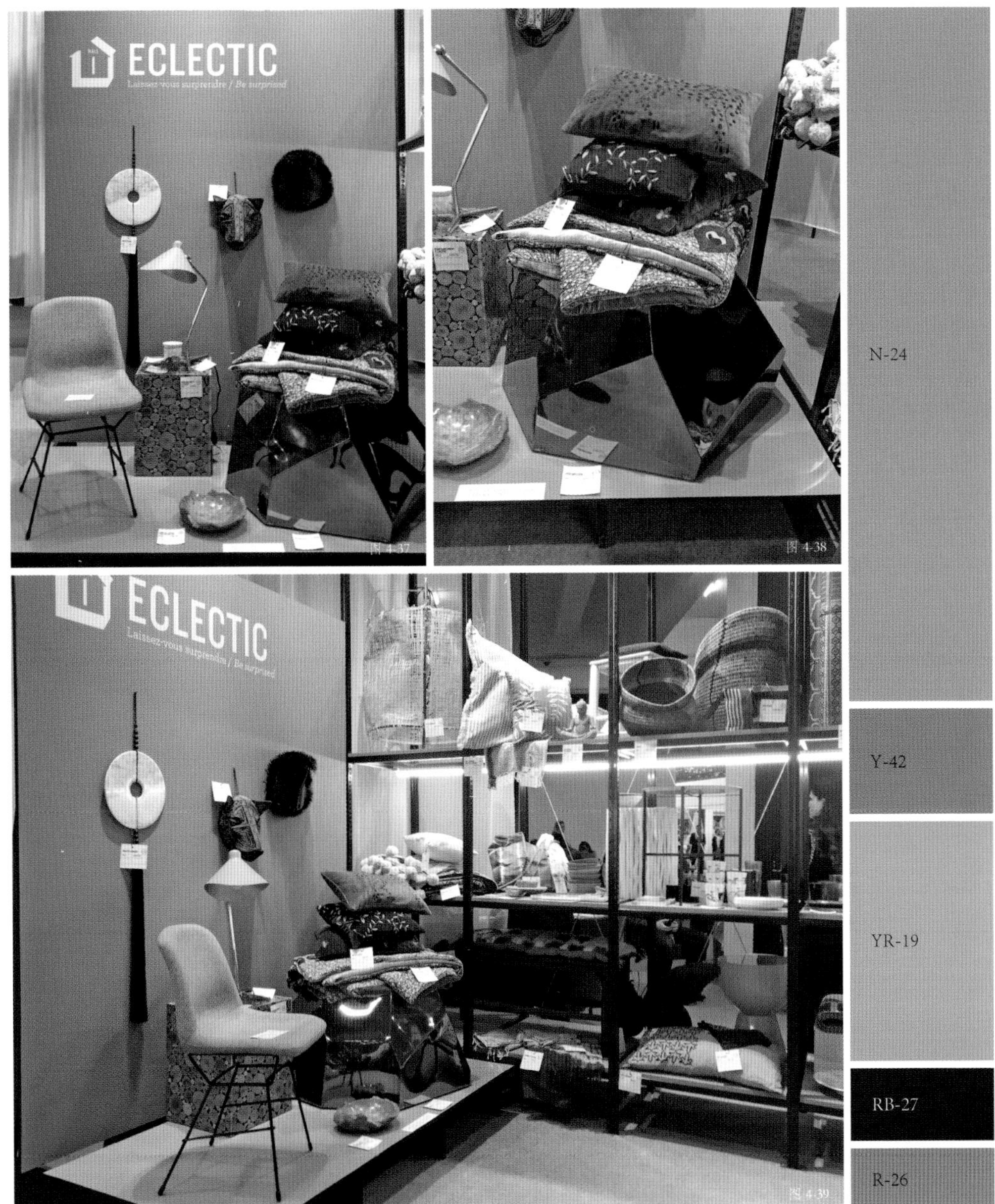

图 4-37 ～图 4-39 2017 年巴黎家居装饰博览会中的流行色表现和应用。摄影：张昕婕

巴黎装饰艺术展

创立时间：2008 年

举办频率：一年一次

举办时间：每年的 1 月

展会侧重：家居软装布艺、墙纸、墙布等

官网：paris-deco-off.com

巴黎装饰艺术展（Paris Déco off）是与巴黎家居装饰博览会（Maison&Objet）1 月举办的展会几乎同时进行的家居面料和壁纸展。巴黎装饰艺术展开始和结束的时间往往与巴黎家居装饰博览会相差一天。在这个展会上，世界各大家居面料、壁纸品牌都会借机推出新设计，传达软装面料的时尚趋势。与巴黎家居装饰博览会不同，巴黎装饰艺术展并不在会展中心开展，而是在巴黎市中心某个特定的街区进行。集中分布在街区中的家居面料品牌商铺在展会期间迎接世界各地的买家，集中展示各自的新产品。展会不用门票，在逛展前可以先在展会官网查看展会所处的街区及品牌目录，而在街区的商铺中也可以领到纸质版的品牌目录，方便查询。

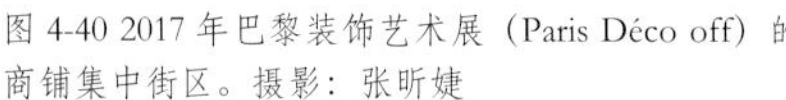
图 4-40 2017 年巴黎装饰艺术展（Paris Déco off）的商铺集中街区。摄影：张昕婕

图 4-41、图 4-42 2017 年巴黎装饰艺术展（Paris Déco off）产品目录

图 4-43、图 4-44 2017 年巴黎装饰艺术展（Paris Déco off）商铺橱窗。摄影：张昕婕

图 4-45 2017 年巴黎装饰艺术展（Paris Déco off）中的品牌面料细节。摄影：张昕婕

法兰克福家纺展

创立时间：1971 年

举办频率：一年一次

举办时间：每年的 1 月

展会侧重：家居纺织品趋势主题发布、流行色趋势发布、家居纺织品市集

官网：heimtextil.messefrankfurt.com

法兰克福家纺展（Heimtextil Frankfurt）是一个针对家居布艺、床上用品、浴巾等家用纺织品的专门的国际交易博览会。每年的 1 月在德国法兰克福举行，举办时间一般略早于巴黎家居装饰博览会。

与巴黎家居装饰博览会侧重于家居饰品不同，法兰克福家纺展是一场面料图案、面料研发、面料色彩的盛宴。法兰克福家纺展也许不及巴黎家居装饰博览会时尚，但作为一个历史更为悠久的家居产品交易博览会，它在流行色、流行生活方式等方面的展示显得更为直截了当，在展会上也能够更加集中地看到新型面料研发技术的方向。在流行色发布方面，除了展会发布的官方趋势之外，还可以看到品牌和机构布置的色彩和材质灵感板块。

图 4-46

图 4-46 2018 年法兰克福家纺展展会现场。摄影：张昕婕

图 4-47 ～图 4-49 2018 年法兰克福家纺展“设计 + 色彩趋势”展示区中所展示的“适配集合（Adapt+Assemble）”主题 。摄影：张昕婕

法兰克福家纺展发布的流行趋势主题报告

法兰克福家纺展发布的流行趋势主题报告分为两大部分。第一部分为生活方式趋势主题报告，这部分内容通过建筑、室内、材料、社区文化、艺术品等社会生活中的新锐设计，总结出若干个生活方式趋势发展主题；第二部分是设计和色彩趋势报告，这部分内容与第一部分紧密相连，趋势报告也是由第一部分的生活方式趋势主题延伸而来。

图 4-47

图 4-48

图 4-49

图 4-50

图 4-51

图 4-50、图 4-51 2018 年法兰克福家纺展“设计 + 色彩趋势”展示区中所展示的“柔软的极简（Soft Minimal）”主题。摄影：张昕捷

与巴黎家居装饰博览会一样，法兰克福家纺展的生活方式趋势和色彩趋势除了在展会现场搭建展示区，也会将趋势灵感、素材、产品以及对趋势的解释结集成册，同时还会将具体的流行色色号在手册中标注出来。色号采用的色彩编码为 NCS（瑞典自然色彩体系）色号、Pantone（潘通）色号以及 Ral（劳尔）色号。目前趋势手册无法通过官方网站订购，只能在展会现场购买。

法兰克福家纺展发布的生活方式趋势报告与色彩趋势报告有着内在的联系。如《2018—2019 生活方式趋势报告》中提出的“伸缩空间（Flexible Space）”“健康空间（Healthy Space）”“再造空间（Re-Made Space）”“手作空间（Maker Space）”四个主题，这四个主题的依据是：在住房越来越紧张的城市中，小家庭或个人独居的生活模式越来越普遍，住房空间越来越小，因此可折叠、可伸缩的生活空间成为空间设计的一个重要主题；尽管如此，人们也并没有放弃对健康的、绿色的、自然的环

图 4-52 图 4-53 图 4-54 图 4-55 图 4-56

境的追求，渴望在人工环境中制造触手可及的自然元素；而地球的资源衰竭也是人类面临的严峻问题，因此环保的、可再利用的材质和设计，也成为一个主要的生活趋势；另外，高度工业化的社会让人们有机会用低廉的价格得到各种物质产品，此时人们对传统手工业的思念便转变为某种极具个性特点的产品特征，因此手工业者的工作坊风格空间，也成为新的流行方向，与之对应的“设计 + 色彩趋势”报告（图 4–54）则脱胎于以上四个主题（图 4–53）。“柔软的极简（Soft Minimal）”（图 4–50、图 4–51），来源于“伸缩空间”主题，小空间更适合用浅淡的粉彩色来表现；“完美的不完美（Perfect Imperfection）”（图 4–57）则对应“手作空间”主题，“靛蓝”这种手工传统蓝染技术，成为手作最典型的代表，而陶罐、皮革、藤条等常见的手作产品颜色，共同组成了这个主题的色彩集合。

图 4-52 ～图 4-56 2018 年法兰克福家纺展（Heimtextil Frankfurt）发布的《2018—2019 家居纺织品趋势手册》

图 4-57 2018 年法兰克福家纺展“设计 + 色彩趋势”展示区中所展示的“完美的不完美（Perfect Imperfection）”主题。摄影：张昕婕

图 4-58

图 4-59

图 4-60

图 4-61

图 4-62

在法兰克福家纺展中，大品牌推出的新图案、新配色，自然是关注的焦点，毕竟主流大品牌的配色和图案，往往引来其他品牌竞相模仿，最终形成切实的流行现象。但除此之外，法兰克福家纺展中所呈现出的各种新型面料工艺、技术，以及在此基础上的新的设计呈现，都值得大家关注。

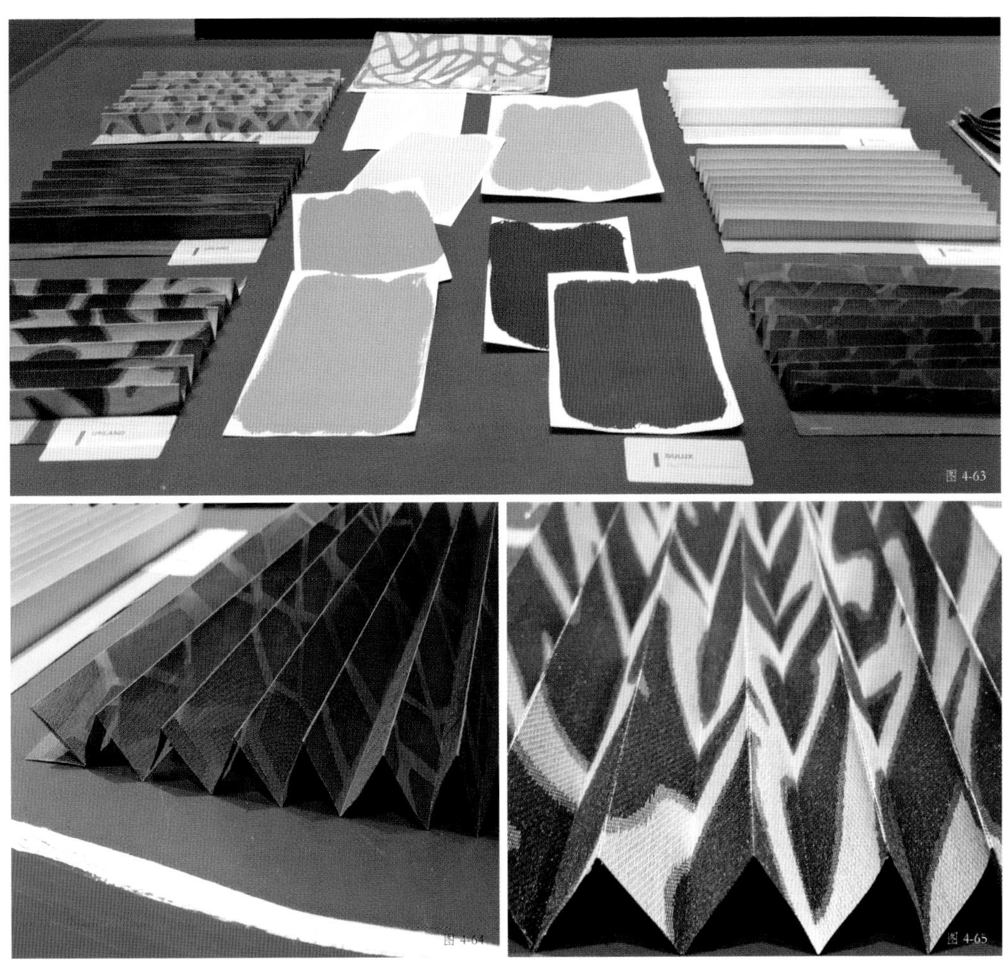

图 4-63

图 4-64

图 4-65

图 4-58 ～图 4-65 2018 年法兰克福家纺展中展出的面料细节，其中图 4-63 为意大利品牌 Missoni 展出的产品配色。摄影：张昕婕

其他可关注的展会

展会名称：米兰国际家具展（Salone del mobile Milano）
创立时间：2000 年
举办频率：一年一次
举办时间：每年的 4 月
举办地点：米兰
展会侧重：家具
官方网站：salonemilano.it

展会名称：科隆家具展（IMM Cologne International Interiors Show）
创立时间：1949 年
举办频率：一年一次
举办时间：每年的 1 月
举办地点：科隆
展会侧重：家具
官方网站：imm-cologne.com

展会名称：伦敦设计周（London Design Festival）
创立时间：2003 年
举办频率：一年一次
举办时间：每年的 9 月
举办地点：伦敦
展会侧重：建筑、室内、产品等各个领域的新锐设计、跨界创意
官方网站：londondesignfestival.com

展会名称：东京室内生活方式展（Interior Lifestyle Tokyo logo）

东京国际家具展（IFFT International Furniture Fair Tokyo）

interiorlifestyle
TOKYO

创立时间：2008 年

举办频率：分别为一年一次

举办时间：东京室内生活方式展　每年的 6 月或 7 月

东京国际家具展　每年的 11 月

展会侧重：家居生活方式趋势、家居新锐产品设计、家居面料、家纺产品等

官方网站：ifft–interiorlifestyleliving.com

备注：东京国际家具展为东京室内生活方式展的一部分

展会名称：斯德哥尔摩家具 & 照明博览会（Stockholm Furniture & Light Fair）

创立时间：1961 年

举办频率：一年一次

举办时间：每年的 4 月

举办地点：巴黎

展会侧重：灯具、照明产品

官方网站：stockholmfurniturelightfair.se

展会名称：巴黎 PV 展（Premi è re Vision Paris）

PREMIÈREVISION
PARIS

创立时间：1973 年

举办频率：一年两次

举办时间：每年的 2 月和 9 月

举办地点：巴黎

展会侧重：全领域面料产品，面料趋势（服装面料占比较大）

官方网站：premierevision.com

备注：巴黎 PV 展虽然不是直接针对家居产品的交易博览会，但其潮流趋势的引领性更为先锋

服装的时尚属性总是先于家居产品的

T台、建筑对家居产品流行趋势的启发

家居产品的时尚潮流必然滞后于服装和建筑。服装因为价格、体量、可高频率地更新等方面特点，能够更迅速地满足人们彰显个性和喜新厌旧的心理。而建筑则因为功能、空间构成的复杂，更有可能让设计本身再造人们的生活模式，因此与环境的创新结合更为先锋，在造型上更可能出现大胆的创新，在材料使用上，更愿意尝试新型的材质，在科技上也更领先于人们日常的想象，当然所有的这些，背后都有强大的资本做支撑，而建筑物本身，自古以来便是民族精神和文化的具体物化，如金字塔、帕特农神庙、先贤祠、大雁塔等，建筑上的流行元素甚至是服装潮流的启发者。所以，对家居流行色趋势的观察，也不可忽略这两个渠道。

服装潮流似乎是一个更容易了解的领域。每年主流高端品牌（迪奥、香奈儿、古驰、范思哲等读者们熟悉的“大牌”，都属于主流高端品牌）的时装发布会都是读者不可错过的，Vogue 等时尚网站会做及时的发布。而一些设计师品牌，也是可以逐步关注的对象，设计师品牌在新材料的创新运用上，更为前卫，往往是大众流行的起点。至于建筑，ArchiDaily 等建筑网站中，对世界上各个角落的著名建筑，都有详尽的介绍。

图 4-66 西班牙马德里商业银行文化中心（Caixa Forum Madrid），2001—2007 年。设计者：赫尔佐格 & 德梅隆（Herzog & De Meuron）。摄影：张昕婕

这个建筑由一座废弃的发电厂改建而成，顶层氧化的铸铁部分是改造时加建的。北侧是引人注目的由法国植物学家帕特里克·勃朗设计的绿色植物墙，以呼应邻近的马德里皇家植物园。顶层的红色铸铁与墙壁上的绿色植物形成了鲜明的对比。绿色植物墙发明于 1938 年，直到 20 世纪 80 年代才逐步运用到建筑设计中。如今，绿色植物与建筑结合的设计已经成为新时代建筑乌托邦的另一种流行表现手段，也带来了家居潮流中的绿色风潮

图 4-67 时尚品牌 Rebecca Vallance 在 2016 年澳大利亚时装周的走秀。摄影：flaunter.com

图 4-67

雅皮士（yuppie life）

《普洛可 2018 家居流行色趋势手册》节选

绒面当道（velours）

《普洛可 2018 家居流行色趋势手册》节选

摩登（fashionable）

《普洛可 2018 家居流行色趋势手册》节选

手工蓝染（blue allover）

《普洛可 2018 家居流行色趋势手册》节选

格纹（plaid）

《普洛可 2018 家居流行色趋势手册》节选

轴对称（axisymmetric）

《普洛可 2018 家居流行色趋势手册》节选

色彩索引

N

编号	PANTONE	RGB
N-01	PANTONE 11-1001 TPG	R:241 G:240 B:240
N-02	PANTONE 11-4800 TPG	R:239 G:239 B:239
N-03	PANTONE 11-4201 TPG	R:249 G:248 B:244
N-04	PANTONE 13-0002 TPG	R:235 G:233 B:231
N-05	PANTONE 13-3802 TPG	R:244 G:245 B:250
N-06	PANTONE 13-4110 TPG	R:232 G:234 B:239
N-07	PANTONE 13-2820 TPG	R:231 G:229 B:235
N-08	PANTONE 12-4705 TPG	R:228 G:239 B:233
N-09	PANTONE 11-4300 TPG	R:255 G:254 B:241
N-10	PANTONE 13-2920 TPG	R:216 G:219 B:228
N-11	PANTONE 13-4201 TPG	R:227 G:230 B:231
N-12	PANTONE 13-3805 TPG	R:221 G:217 B:220
N-13	PANTONE 14-4804 TPG	R:217 G:222 B:217
N-14	PANTONE 13-5304 TPG	R:221 G:218 B:215
N-15	PANTONE 14-4500 TPG	R:221 G:222 B:216
N-16	PANTONE 13-0000 TPG	R:229 G:224 B:218
N-17	PANTONE 15-4503 TPG	R:193 G:187 B:182
N-18	PANTONE 15-4307 TPG	R:166 G:172 B:169
N-19	PANTONE 16-5803 TPG	R:178 G:181 B:174
N-20	PANTONE 17-3907 TPG	R:160 G:159 B:151
N-21	PANTONE 18-4016 TPG	R:162 G:162 B:161
N-22	PANTONE 17-3911 TPG	R:168 G:168 B:168
N-23	PANTONE 16-3850 TPG	R:173 G:173 B:173
N-24	PANTONE 17-1503 TPG	R:153 G:152 B:150
N-25	PANTONE 18-3907 TPG	R:132 G:131 B:131
N-26	PANTONE 18-5204 TPG	R:109 G:107 B:105
N-27	PANTONE 16-3812 TPG	R:169 G:168 B:178
N-28	PANTONE 18-3933 TPG	R:137 G:140 B:148
N-29	PANTONE 18-3712 TPG	R:118 G:117 B:127
N-30	PANTONE 19-1101 TPG	R:35 G:30 B:30
N-31	PANTONE 19-1103 TPG	R:29 G:25 B:22
N-32	PANTONE 19-4205 TPG	R:26 G:22 B:25

N-33 PANTONE 19-4008 TPG R:22 G:17 B:19	Y-03 PANTONE 12-0709 TPG R:233 G:220 B:189	Y-14 PANTONE 14-0935 TPG R:229 G:206 B:106
N-34 PANTONE 19-4305 TPG R:19 G:19 B:16	Y-04 PANTONE 13-1016 TPG R:231 G:213 B:184	Y-15 PANTONE 14-1031 TPG R:221 G:197 B:94
N-35 PANTONE 19-4203 TPG R:21 G:20 B:17	Y-05 PANTONE 13-1009 TPG R:216 G:209 B:188	Y-16 PANTONE 15-0850 TPG R:235 G:201 B:71
N-36 PANTONE 19-3933 TPG R:20 G:28 B:34	Y-06 PANTONE 14-0936 TPG R:234 G:212 B:150	Y-17 PANTONE 13-0850 TPG R:255 G:220 B:76
N-37 PANTONE 19-4010 TPG R:18 G:24 B:31	Y-07 PANTONE 13-0915 TPG R:237 G:220 B:174	Y-18 PANTONE 13-0817 TPG R:251 G:227 B:141
N-38 PANTONE 19-4005 TPG R:14 G:24 B:18	Y-08 PANTONE 13-0624 TPG R:238 G:231 B:142	Y-19 PANTONE 13-1024 TPG R:239 G:212 B:137
N-39 PANTONE 19-4007 TPG R:10 G:12 B:13	Y-09 PANTONE 13-0814 TPG R:244 G:231 B:154	Y-20 PANTONE 13-0932 TPG R:247 G:215 B:103
N-40 PANTONE 19-4006 TPG R:13 G:13 B:11	Y-10 PANTONE 12-0714 TPG R:249 G:230 B:152	Y-21 PANTONE 14-1031 TPG R:237 G:204 B:98
Y	Y-11 PANTONE 12-0643 TPG R:252 G:249 B:29	Y-22 PANTONE 13-0739 TPG R:232 G:200 B:83
Y-01 PANTONE 13 0614 TPG R:227 G:229 B:189	Y-12 PANTONE 14-0827 TPG R:244 G:223 B:96	Y-23 PANTONE 15-1132 TPG R:226 G:192 B:83
Y-02 PANTONE 12-0910 TPG R:246 G:231 B:195	Y-13 PANTONE 14-0837 TPG R:234 G:206 B:84	Y-24 PANTONE 14-1038 TPG R:237 G:204 B:110

Y-25 PANTONE 14-1036 TPG
R:239 G:197 B:80

Y-26 PANTONE 13-0858TPG
R:255 G:221 B:0

Y-27 PANTONE 13-1016 TPG
R:227 G:201 B:141

Y-28 PANTONE 14-0936 TPG
R:204 G:185 B:126

Y-29 PANTONE 14-1213 TPG
R:214 G:183 B:128

Y-30 PANTONE 14-1212 TPG
R:224 G:197 B:152

Y-31 PANTONE 13-1024 TPG
R:242 G:205 B:132

Y-32 PANTONE 14-0957 TPG
R:254 G:196 B:0

Y-33 PANTONE 14-0848 TPG
R:249 G:198 B:56

Y-34 PANTONE 16-0945 TPG
R:214 G:176 B:81

Y-35 PANTONE 16-0928 TPG
R:210 G:176 B:76

Y-36 PANTONE 15-0751 TPG
R:209 G:166 B:45

Y-37 PANTONE 17-0839 TPG
R:181 G:143 B:38

Y-38 PANTONE 16-0737 TPG
R:200 G:181 B:88

Y-39 PANTONE 17-1028 TPG
R:178 G:156 B:86

Y-40 PANTONE 17-1125 TPG
R:156 G:126 B:65

Y-41 PANTONE 16-1126 TPG
R:168 G:140 B:59

Y-42 PANTONE 17-1125 TPG
R:160 G:126 B:50

Y-43 PANTONE 17-1036 TPG
R:134 G:100 B:45

Y-44 PANTONE 17-0942 TPG
R:126 G:94 B:44

Y-45 PANTONE 17-0935 TPG
R:105 G:86 B:26

Y-46 PANTONE 15-1125 TPG
R:233 G:184 B:94

Y-47 PANTONE 16-0940 TPG
R:214 G:173 B:90

Y-48 PANTONE 15-1142 TPG
R:227 G:182 B:85

Y-49 PANTONE 16-0947 TPG
R:229 G:181 B:76

Y-50 PANTONE 16-1144 TPG
R:211 G:157 B:72

Y-51 PANTONE 16-1143 TPG
R:214 G:158 B:75

Y-52 PANTONE 1-71128 TPG
R:170 G:112 B:40

Y-53 PANTONE 17-1137 TPG
R:152 G:99 B:44

Y-54 PANTONE 17-1316 TPG
R:145 G:125 B:89

Y-55 PANTONE 16-1219 TPG
R:199 G:163 B:113

Y-56 PANTONE 16-1317 TPG
R:200 G:168 B:112

Y-57 PANTONE 15-1317 TPG
R:189 G:152 B:101

Y-58	PANTONE 16-1415 TPG	R:177 G:139 B:98
Y-59	PANTONE 14-1133 TPG	R:186 G:135 B:80
Y-60	PANTONE 18-1242 TPG	R:149 G:84 B:42
Y-61	PANTONE 18-1137 TPG	R:126 G:75 B:32
Y-62	PANTONE 18-1210 TPG	R:95 G:92 B:76
Y-63	PANTONE 19-0915 TPG	R:63 G:50 B:42
Y-64	PANTONE 19-3803 TPG	R:54 G:50 B:44
Y-65	PANTONE 19-1102 TPG	R:42 G:35 B:24

YR

YR-01	PANTONE 12-1108 TPG	R:244 G:236 B:225
YR-02	PANTONE 11-1404 TPG	R:252 G:243 B:229
YR-03	PANTONE 12-1403 TPG	R:239 G:230 B:216
YR-04	PANTONE 12-2103 TPG	R:241 G:232 B:223
YR-05	PANTONE 14-1106 TPG	R:210 G:204 B:194
YR-06	PANTONE 12-1209 TPG	R:239 G:220 B:202
YR-07	PANTONE 14-1212 TPG	R:224 G:210 B:191
YR-08	PANTONE 13-1013 TPG	R:239 G:213 B:177
YR-09	PANTONE 15-1314 TPG	R:210 G:194 B:172
YR-10	PANTONE 14-1213 TPG	R:209 G:193 B:163
YR-11	PANTONE 13-1015 TPG	R:205 G:182 B:146
YR-12	PANTONE 13-1018 TPG	R:216 G:195 B:158
YR-13	PANTONE 15-1315 TPG	R:175 G:159 B:135
YR-14	PANTONE 16-1221 TPG	R:188 G:173 B:153
YR-15	PANTONE 16-1406 TPG	R:175 G:168 B:151
YR-16	PANTONE 15-1305 TPG	R:202 G:192 B:181
YR-17	PANTONE 15-1316 TPG	R:197 G:173 B:150
YR-18	PANTONE 14-1314 TPG	R:215 G:183 B:142
YR-19	PANTONE 15-1316 TPG	R:200 G:164 B:125
YR-20	PANTONE 16-1219 TPG	R:198 G:168 B:135
YR-21	PANTONE 16-1221 TPG	R:198 G:164 B:133
YR-22	PANTONE 16-1412 TPG	R:170 G:145 B:118
YR-23	PANTONE 17-2411 TPG	R:160 G:127 B:98
YR-24	PANTONE 16-1328 TPG	R:147 G:111 B:76

Code	PANTONE	RGB
YR-25	PANTONE 15-1231 TPG	R:221 G:175 B:106
YR-26	PANTONE 14-1050 TPG	R:246 G:174 B:59
YR-27	PANTON E 14-0941 TPG	R:249 G:172 B:47
YR-28	PANTONE 16-1140 TPG	R:229 G:143 B:37
YR-29	PANTONE 15-1147 TPG	R:230 G:152 B:68
YR-30	PANTONE 15-1145 TPG	R:249 G:182 B:93
YR-31	PANTONE 15-1237 TPG	R:240 G:161 B:78
YR-32	PANTONE 15-1340 TPG	R:242 G:154 B:81
YR-33	PANTONE 17-1350 TPG	R:255 G:121 B:19
YR-34	PANTONE 15-1611 TPG	R:214 G:166 B:133
YR-35	PANTONE 14-1316 TPG	R:232 G:196 B:166
YR-36	PANTONE 14-1418 TPG	R:251 G:202 B:169
YR-37	PANTONE 14-1231 TPG	R:252 G:191 B:133
YR-38	PANTONE 16-1329 TPG	R:234 G:164 B:117
YR-39	PANTONE 18-1436 TPG	R:207 G:139 B:116
YR-40	PANTONE 16-1529 TPG	R:217 G:137 B:102
YR-41	PANTONE 16-1442 TPG	R:226 G:136 B:86
YR-42	PANTONE 15-1322 TPG	R:214 G:154 B:104
YR-43	PANTONE 16-1220 TPG	R:198 G:143 B:101
YR-44	PANTONE 17-1514 TPG	R:190 G:138 B:110
YR-45	PANTONE 17-1430 TPG	R:169 G:113 B:83
YR-46	PANTONE 18-1438 TPG	R:181 G:107 B:78
YR-47	PANTONE 17-1525 TPG	R:172 G:110 B:76
YR-48	PANTONE 18-1229 TPG	R:150 G:96 B:59
YR-49	PANTONE 18-1320 TPG	R:130 G:84 B:49
YR-50	PANTONE 18-1142 TPG	R:167 G:80 B:24
YR-51	PANTONE 18-1250 TPG	R:174 G:82 B:41
YR-52	PANTONE 18-1148 TPG	R:158 G:86 B:43
YR-53	PANTONE 17-1147TPG	R:165 G:90 B:50
YR-54	PANTONE 18-1441 TPG	R:164 G:87 B:61
YR-55	PANTONE 18-1425TPG	R:147 G:72 B:43
YR-56	PANTONE 19-1250 TPG	R:157 G:59 B:35
YR-57	PANTONE 16-1452 TPG	R:181 G:85 B:51

YR-58	PANTONE 18-1248 TPG R:192 G:89 B:45
YR-59	PANTONE 16-1441 TPG R:223 G:95 B:49
YR-60	PANTONE 16-1454 TPG R:218 G:78 B:0
YR-61	PANTONE 18-1536 TPG R:210 G:93 B:60
YR-62	PANTONE 16-1440 TPG R:234 G:103 B:60
YR-63	PANTONE 16-1451 TPG R:225 G:98 B:61
YR-64	PANTONE 17-1462 TPG R:234 G:67 B:24
YR-65	PANTONE 17-1449 TPG R:181 G:48 B:9
YR-66	PANTONE 17-1422 TPG R:142 G:110 B:86
YR-67	PANTONE 18-1314 TPG R:135 G:106 B:87
YR-68	PANTONE 19-1012 TPG R:105 G:82 B:60
YR-69	PANTONE 18-1235 TPG R:121 G:78 B:61
YR-70	PANTONE 19-1436 TPG R:[illegible]
YR-71	[illegible]
YR-72	PANTONE 19-1322 TPG R:53 G:34 B:28
YR-73	PANTONE 19-1317 TPG R:52 G:34 B:26

R

R-01	PANTONE 14-1508 TPG R:223 G:186 B:169
R-02	PANTONE 14-1511 TPG R:226 G:179 B:159
R-03	PANTONE 15-1611 TPG R:214 G:165 B:146
R-04	PANTONE 16-1610 TPG R:211 G:162 B:151
R-05	PANTONE 16-1617 TPG R:211 G:150 B:145
R-06	PANTONE 13-2805TPG R:227 G:181 B:181
R-07	PANTONE 16-1712 TPG R:193 G:144 B:142
R-08	PANTONE 15-1512 TPG R:198 G:163 B:149
R-09	PANTONE 18-1421 TPG R:155 G:113 B:107
R-10	PANTONE 16-2107 TPG R:175 G:146 B:148
R-11	PANTONE 16-2111 TPG R:202 G:164 B:164
R-12	PANTONE 13-1409 TPG R:245 G:215 B:208
R-13	PANTONE 12-2903 TPG R:237 G:211 B:208
R-14	PANTONE 14-2305 TPG R:237 G:193 B:188
R-15	PANTONE 14-1506 TPG R:214 G:191 B:180
R-16	PANTONE 14-1511 TPG R:239 G:197 B:182

Code	PANTONE	RGB
R-17	PANTONE 14-1714 TPG	R:255 G:193 B:179
R-18	PANTONE 15-1717 TPG	R:243 G:175 B:164
R-19	PANTONE 14-1911 TPG	R:253 G:178 B:168
R-20	PANTONE 16-1434 TPG	R:237 G:161 B:138
R-21	PANTONE 15-1816 TPG	R:246 G:161 B:144
R-22	PANTONE 15-1626 TPG	R:252 G:138 B:124
R-23	PANTONE 15-2216 TPG	R:250 G:144 B:146
R-24	PANTONE 17-1929 TPG	R:206 G:116 B:116
R-25	PANTONE 15-1614 TPG	R:219 G:156 B:161
R-26	PANTONE 17-1424 TPG	R:194 G:115 B:95
R-27	PANTONE 18-1630 TPG	R:193 G:102 B:87
R-28	PANTONE 17-16238 TPG	R:175 G:108 B:103
R-29	PANTONE 19-1533 TPG	R:155 G:84 B:74
R-30	PANTONE 19-1530 TPG	R:132 G:64 B:63
R-31	PANTONE 18-1420 TPG	R:130 G:79 B:70
R-32	PANTONE 18-1718 TPG	R:137 G:82 B:77
R-33	PANTONE 19-1543 TPG	R:153 G:61 B:54
R-34	PANTONE 17-1563 TPG	R:230 G:44 B:20
R-35	PANTONE 18-1561 TPG	R:206 G:40 B:11
R-36	PANTONE 18-1651 TPG	R:216 G:62 B:48
R-37	PANTONE 18-1660 TPG	R:218 G:34 B:29
R-38	PANTONE 17-1537 TPG	R:190 G:72 B:57
R-39	PANTONE 18-1633 TPG	R:183 G:62 B:53
R-40	PANTONE 18-1724 TPG	R:189 G:46 B:57
R-41	PANTONE 18-1454 TPG	R:188 G:63 B:35
R-42	PANTONE 19-1662 TPG	R:165 G:36 B:33
R-43	PANTONE 19-1559 TPG	R:165 G:46 B:40
R-44	PANTONE 18-1657 TPG	R:171 G:7 B:22
[illegible]	[illegible]	[illegible]
[illegible]	[illegible]	[illegible]
[illegible]	[illegible]	[illegible]
[illegible]	[illegible]	[illegible]
R-49	PANTONE 19-1532 TPG	R:85 G:24 B:0

编号	PANTONE	RGB
R-50	PANTONE 19-1758 TPG	R:95 G:22 B:29
R-51	PANTONE 19-1524 TPG	R:75 G:10 B:25
R-52	PANTONE 19-1327 TPG	R:66 G:20 B:23
R-53	PANTONE 19-3905 TPG	R:61 G:55 B:55
R-54	PANTONE 19-1327 TPG	R:70 G:48 B:45
R-55	PANTONE 19-1420 TPG	R:63 G:44 B:43

RB

编号	PANTONE	RGB
RB-01	PANTONE 14-3204 TPG	R:214 G:187 B:194
RB-02	PANTONE 14-2710 TPG	R:237 G:199 B:216
RB-03	PANTONE 14-2808 TPG	R:247 G:207 B:225
RB-04	PANTONE 16-2215 TPG	R:239 G:145 B:174
RB-05	PANTONE 16-3116 TPG	R:214 G:148 B:181
RB-06	PANTONE 15-2217 TPG	R:206 G:135 B:159
RB-07	PANTONE 16-3115 TPG	R:239 G:160 B:200
RB-08	PANTONE 16-3118 TPG	R:223 G:136 B:183
RB-09	PANTONE 16-3307 TPG	R:182 G:144 B:153
RB-10	PANTONE 16-1710 TPG	R:197 G:123 B:135
RB-11	PANTONE 16-2111 TPG	R:179 G:113 B:128
RB-12	PANTONE 16-2107 TPG	R:169 G:112 B:170
RB-13	PANTONE 18-3211 TPG	R:128 G:92 B:108
RB-14	PANTONE 18-3012 TPG	R:121 G:84 B:94
RB-15	PANTONE 18-1619 TPG	R:149 G:75 B:84
RB-16	PANTONE 18-1718 TPG	R:119 G:51 B:59
RB-17	PANTONE 19-2041 TPG	R:160 G:24 B:49
RB-18	PANTONE 18-2436 TPG	R:211 G:46 B:94
RB-19	PANTONE 18-2328 TPG	R:197 G:51 B:109
RB-20	PANTONE 18-2336 TPG	R:198 G:35 B:104
[illegible]	[illegible]	[illegible]
RB-22	PANTONE 18-3012 TPG	R:109 G:70 B:89
RB-23	PANTONE 17-3617 TPG	R:161 G:117 B:156
RB-24	PANTONE 17-3323 TPG	R:183 G:108 B:164
RB-25	PANTONE 18-3533 TPG	R:141 G:70 B:135
RB-26	PANTONE 18-3628 TPG	R:156 G:92 B:152

RB-27 PANTONE 19-3617 TPG R:43 G:32 B:37

RB-28 PANTONE 19-3725 TPG R:49 G:38 B:49

RB-29 PANTONE 15-3508 TPG R:210 G:200 B:214

RB-30 PANTONE 15-3507 TPG R:206 G:195 B:210

RB-31 PANTONE 14-3612 TPG R:198 G:180 B:202

RB-32 PANTONE 16-3817 TPG R:184 G:170 B:184

RB-33 PANTONE 15-3807 TPG R:188 G:180 B:196

RB-34 PANTONE 16-3810 TPG R:183 G:179 B:196

RB-35 PANTONE 15-3817 TPG R:168 G:159 B:186

RB-36 PANTONE 17-3812 TPG R:150 G:141 B:164

RB-37 PANTONE 17-3817 TPG R:148 G:140 B:170

RB-38 PANTONE 17-3725 TPG R:165 G:133 B:201

RB-39 PANTONE 17-3619 TPG R:138 G:101 B:163

RB-40 PANTONE 19-3620 TPG R:74 G:57 B:91

RB-41 PANTONE 19-3722 TPG R:77 G:67 B:104

RB-42 PANTONE 18-3838 TPG R:95 G:75 B:139

RB-43 PANTONE 19-3847 TPG R:58 G:32 B:107

RB-44 PANTONE 19-3725 TPG R:78 G:75 B:81

RB-45 PANTONE 19-3927 TPG R:59 G:57 B:62

B

B-01 PANTONE 17-3817 TPG R:146G:144 B:159

B-02 PANTONE 17-3932 TPG R:118 G:123 B:165

B-03 PANTONE 16-3931 TPG R:145 G:149 B:184

B-04 PANTONE 19-3924 TPG R:46 G:45 B:50

B-05 PANTONE 19-3842 TPG R:54 G:49 B:81

B-06 PANTONE 17-3934 TPG R:102 G:113 B:177

B-07 PANTONE 18-3943 TPG R:66 G:71 B:140

B-08 PANTONE 18-3944 TPG R:64 G:72 B:119

B-09 PANTONE 19-3955 TPG R:40 G:26 B:142

B-10 PANTONE 19-3952 TPG R:35 G:38 B:99

B-11 PANTONE 19-3953 TPG R:0 G:2 B:92

B-12 PANTONE 19-3864 TPG R:24 G:29 B:68

B-13 PANTONE 18-3945TPG R:48 G:75 B:147

B-14 PANTONE 18-4043 TPG
R:53 G:86 B:169

B-15 PANTONE 18-3949 TPG
R:34 G:49 B:153

B-16 PANTONE 19-3952 TPG
R:7 G:40 B:137

B-17 PANTONE 19-3864 TPG
R:10 G:40 B:114

B-18 PANTONE 16-4132 TPG
R:122 G:171 B:241

B-19 PANTONE 16-3922 TPG
R:183 G:192 B:215

B-20 PANTONE 14-4110 TPG
R:193 G:206 B:229

B-21 PANTONE 15-3912 TPG
R:178 G:186 B:204

B-22 PANTONE 14-4115 TPG
R:179 G:195 B:212

B-23 PANTONE 14-4214 TPG
R:155 G:179 B:198

B-24 PANTONE 14-4214 TPG
R:144 G:188 B:213

B-25 PANTONE 16-4132 TPG
R:107 G:173 B:216

B-26 PANTONE 16-4019 TPG
R:105 G:150 B:175

B-27 PANTONE 17-3924 TPG
R:130 G:136 B:151

B-28 PANTONE 17-3922 TPG
R:127 G:135 B:147

B-29 PANTONE 19-3926 TPG
R:95 G:98 B:113

B-30 PANTONE 19-4056 TPG
R:54 G:67 B:113

B-31 PANTONE 18-3928 TPG
R:68 G:85 B:125

B-32 PANTONE 19-4039 TPG
R:53 G:81 B:126

B-33 PANTONE 19-4056 TPG
R:36 G:67 B:112

B-34 PANTONE 18-4041 TPG
R:37 G:65 B:99

B-35 PANTONE 18-4036 TPG
R:42 G:85 B:127

B-36 PANTONE 18-3937 TPG
R:61 G:98 B:143

B-37 PANTONE 17-3936 TPG
R:75 G:122 B:165

B-38 PANTONE 18-4039 TPG
R:60 G:112 B:154

B-39 PANTONE 17-4435 TPG
R:12 G:112 B:186

B-40 PANTONE 19-4150 TPG
R:25 G:81 B:144

B-41 PANTONE 18-4140 TPG
R:1 G:85 B:159

B-42 PANTONE 17-4139 TPG
R:0 G:97 B:163

B-43 PANTONE 18-4141 TPG
R:18 G:104 B:153

B-44 PANTONE 17-4247 TPG
R:0 G:121 B:168

B-45 PANTONE 15-4005 TPG
R:188 G:208 B:216

B-46 PANTONE 14-4508 TPG
R:122 G:175 B:188

B-47 PANTONE 17-4123 TPG R:52 G:112 B:130

B-48 PANTONE 19-4342 TPG R:2 G:65 B:81

B-49 PANTONE 18-4020 TPG R:64 G:98 B:115

B-50 PANTONE 17-4021 TPG R:112 G:141 B:152

B-51 PANTONE 17-3917 TPG R:95 G:114 B:120

B-52 PANTONE 14-4310 TPG R:115 G:196 B:222

B-53 PANTONE 15-4421 TPG R:83 G:164 B:193

B-54 PANTONE 16-4529 TPG R:0 G:157 B:186

B-55 PANTONE 16-4519 TPG R:77 G:153 B:173

B-56 PANTONE 16-4610 TPG R:98 G:159 B:169

B-57 PANTONE 15-4415 TPG R:96 G:169 B:184

B-58 PANTONE 16-4525 TPG R:74 G:161 B:174

B-59 PANTONE 15-4825 TPG R:88 G:201 B:212

B-60 PANTONE 14-4522 TPG R:93 G:213 B:237

B-61 PANTONE 14-4306 TPG R:158 G:182 B:184

B-62 PANTONE 17-5102 TPG R:138 G:154 B:154

BG

BG-01 PANTONE 14-4510 TPG R:150 G:193 B:194

BG-02 PANTONE 13-4910 TPG R:150 G:214 B:211

BG-03 PANTONE 13-4809 TPG R:189 G:217 B:219

BG-04 PANTONE 14-4809 TPG R:184 G:224 B:218

BG-05 PANTONE 13-5306 TPG R:186 G:221 B:214

BG-06 PANTONE 15-5106 TPG R:128 G:173 B:164

BG-07 PANTONE 15-5209 TPG R:134 G:183 B:176

BG-08 PANTONE 14-5413 TPG R:98 G:183 B:173

BG-09 PANTONE 17-5122 TPG R:44 G:120 B:113

BG-10 PANTONE 18-4735 TPG R:22 G:124 B:120

BG-11 PANTONE 17-4919 TPG R:0 G:112 B:108

BG-12 PANTONE 16-4427 TPG R:0 G:148 B:153

BG-13 PANTONE 17-4730 TPG R:0 G:127 B:131

BG-14 PANTONE 17-4328 TPG R:37 G:113 B:121

BG-15 PANTONE 15-4712 TPG R:74 G:147 B:147

BG-16 PANTONE 17-4320 TPG R:67 G:123 B:123

BG-17 PANTONE 17-4818 TPG
R:85 G:152 B:134

BG-18 PANTONE 18-4728 TPG
R:36 G:82 B:79

BG-19 PANTONE 19-4826 TPG
R:32 G:75 B:71

BG-20 PANTONE 19-4324 TPG
R:0 G:46 B:50

BG-21 PANTONE 18-5121 TPG
R:6 G:73 B:66

BG-22 PANTONE 17-5722 TPG
R:31 G:91 B:75

BG-23 PANTONE 17-4716 TPG
R:42 G:96 B:87

BG-14 PANTONE 17-5421 TPG
R:0 G:119 B:102

BG-15 PANTONE 16-5412 TPG
R:72 G:153 B:139

BG-16 PANTONE 16-5109 TPG
R:85 G:153 B:134

BG-17 PANTONE 14-5721 TPG
R:44 G:226 B:169

BG-18 PANTONE 16-5815 TPG
R:75 G:135 B:109

BG-19 PANTONE 18-4217 TPG
R:78 G:114 B:110

G

G-01 PANTONE 16-5421 TPG
R:26 G:153 B:104

G-02 PANTONE 13-6008 TPG
R:197 G:226 B:194

G-03 PANTONE 16-4404 TPG
R:146 G:165 B:149

G-04 PANTONE 16-5106 TPG
R:150 G:178 B:158

G-05 PANTONE 14-6007 TPG
R:181 G:199 B:186

G-06 PANTONE 16-4408 TPG
R:140 G:170 B:155

G-07 PANTONE 14-4809 TPG
R:168 G:211 B:195

G-08 PANTONE 15-4707 TPG
R:150 G:191 B:174

G-09 PANTONE 14-6316 TPG
R:131 G:183 B:137

G-10 PANTONE 15-6114 TPG
R:111 G:170 B:121

G-11 PANTONE 14-0232 TPG
R:135 G:211 B:117

G-12 PANTONE 14-0127 TPG
R:132 G:170 B:102

G-13 PANTONE 17-6323 TPG
R:102 G:121 B:96

G-14 PANTONE 16-0237 TPG
R:88 G:145 B:67

G-15 PANTONE 16-6444 TPG
R:44 G:153 B:60

G-16 PANTONE 16-6339 TPG
R:68 G:136 B:60

G-17 PANTONE 15-6340 TPG
R:66 G:160 B:86

G-18 PANTONE 16 -5924 TPG
R:65 G:129 B:92

G-19 PANTONE 18-0125 TPG
R:34 G:96 B:61

G-20 PANTONE 17-6229 TPG R:18 G:87 B:50

G-21 PANTONE 118-0117 TPG R:46 G:87 B:55

G-22 PANTONE 19-5413 TPG R:39 G:76 B:63

G-23 PANTONE 19-5420 TPG R:9 G:71 B:50

G-24 PANTONE 18-6114 TPG R:47 G:76 B:53

G-25 PANTONE 19-5914 TPG R:0 G:43 B:20

GY

GY-01 PANTONE 14-0232 TPG R:141 G:195 B:105

GY-02 PANTONE 15-0343 TPG R:136 G:176 B:75

GY-03 PANTONE 16-0123 TPG R:105 G:134 B:80

GY-04 PANTONE 17-6319 TPG R:96 G:124 B:81

GY-05 PANTONE 17-0220 TPG R:87 G:110 B:75

GY-06 PANTONE 19-0315 TPG R:46 G:63 B:30

GY-07 PANTONE 18-0538 TPG R:102 G:116 B:55

GY-08 PANTONE 15-6310 TPG R:141 G:165 B:123

GY-09 PANTONE 14-0116 TPG R:190 G:211 B:142

GY-10 PANTONE 14-6308 TPG R:190 G:191 B:172

GY-11 PANTONE 14-0216TPG R:187 G:191 B:167

GY-12 PANTONE 16-0213 TPG R:167 G:173 B:144

GY-13 PANTONE 15-6310 TPG R:158 G:165 B:127

GY-14 PANTONE 14-0418 TPG R:189 G:195 B:153

GY-15 PANTONE 15-0318 TPG R:170 G:172 B:119

GY-16 PANTONE 15-0522 TPG R:179 G:177 B:123

GY-17 PANTONE 14-0418 TPG R:184 G:188 B:125

GY-18 PANTONE 17-0625 TPG R:123 G:127 B:73

GY-19 PANTONE 17-0929 TPG R:127 G:122 B:71

GY-20 PANTONE 17-0627 TPG R:117 G:122 B:78

写在后面

本书开始动笔时正值 2018 年春天，完成于 2018 年底。因此，书中涉及的展会、流行资讯、流行色趋势的信息，也到 2018 年为止。而与读者见面时，恐怕已经是 2019 年了。那么这本书是否就没有意义了呢?

已经读完本书的读者，一定会发现，本书的主题并不是关于流行色资讯的。流行资讯、潮流信息，本就不应该从书中获取，而是应当关注时效性更强的时尚杂志、时尚品牌发布的当季新品、年度最新展会、各种行业大赛的佼佼者，等等。

在这个信息开放和全球化的时代，流行色资讯获取并不难，甚至可以说这方面的资讯是爆炸式的。面对千头万绪的信息，到底应该如何选择，如何应用，如何落地，才是本书探讨的问题。实际上，各行各业对流行、对生活方式的理解和转化，也存在一定的差异。家居行业中，不同产品的生产周期、消费更新周期不同，对流行和生活方式的反应也存在很大的差异。因此，关于流行色趋势落地转化更深入的方法，也很难在一本书中讲清楚，这必然是需要跟实际生产相结合的。但笔者依然希望通过本书，可以让读者进一步理解流行色趋势，明白一个至关重要的道理——流行色趋势并不神秘，只是信息和资讯分析，以及对生活方式的观察总结。

希望读者不再害怕在家居环境中使用流行色，在保持风格的同时，做出不一样的设计，不断萌发新鲜的设计灵感，保持旺盛的设计生命力。

图书在版编目（CIP）数据

家居流行色配色指南 / 张昕婕，PROCO 普洛可色彩美学社编著. -- 南京：江苏凤凰美术出版社，2019.11

ISBN 978-7-5580-4522-6

Ⅰ. ①家… Ⅱ. ①张… ② P… Ⅲ. ①住宅-室内装饰设计-配色-指南 Ⅳ. ① TU241-62

中国版本图书馆 CIP 数据核字 (2019) 第 227111 号

出版统筹 王林军
策划编辑 宋 君
责任编辑 王左佐 韩 冰
助理编辑 许逸灵
特邀编辑 苏雨静
装帧设计 苏雨微
责任校对 刁海裕
责任监印 张宇华

书　　名 家居流行色配色指南
编　　著 张昕婕 PROCO普洛可色彩美学社
出版发行 江苏凤凰美术出版社（南京市中央路165号 邮编：210009）
出版社网址 http：//www.jsmscbs.com.cn
总 经 销 天津凤凰空间文化传媒有限公司
总经销网址 http：//www.ifengspace.cn
印　　刷 广州市番禺艺彩印刷联合有限公司
开　　本 889mm × 1194mm 1/24
印　　张 13.5
版　　次 2019年11月第1版 2019年11月第1次印刷
标准书号 ISBN 978-7-5580-4522-6
定　　价 198.00元（精）

营销部电话 025-68155790 营销部地址 南京市中央路165号
江苏凤凰美术出版社图书凡印装错误可向承印厂调换